超强大脑

人人学得会的高效记忆术

世界记忆冠军
蒋卓锬 　著

中国纺织出版社

内 容 提 要

本书作者蒋卓鋗曾在第20届世界脑力锦标赛上获得世界记忆大师的称号，与其羡慕他的超强大脑，不如跟他一起来学习高效记忆术。高效记忆的本质是图像，秘诀是联想，基础是数字密码，所以你要启动大脑，大胆想象，牢记110个数字密码，同时掌握记忆精英都在使用的记忆宫殿。只要你在日常生活和学习的过程中，积极转变思维，尝试运用高效记忆法去记忆一切需要记忆的资料，用不了多久，之前模糊混淆记不住的内容都会过目不忘，大大提升学习效率，甚至去参加世界脑力锦标赛。

图书在版编目（CIP）数据

超强大脑：人人学得会的高效记忆术 / 蒋卓鋗著.
—北京：中国纺织出版社，2018.10　（2019.5重印）
　　ISBN 978-7-5180-5152-6

　　Ⅰ.①超…　Ⅱ.①蒋…　Ⅲ.①记忆术—通俗读物
Ⅳ.①B842.3-49

中国版本图书馆CIP数据核字（2018）第130360号

策划编辑：郝珊珊　　责任印制：储志伟

中国纺织出版社出版发行
地址：北京市朝阳区百子湾东里A407号楼　邮政编码：100124
销售电话：010－67004422　传真：010－87155801
http：//www.c-textilep.com
E-mail：faxing@c-textilep.com
中国纺织出版社天猫旗舰店
官方微博http：//weibo.com/2119887771
三河市延风印装有限公司印刷　　各地新华书店经销
2018年10月第1版　2019年5月第2次印刷
开本：710×1000　1/16　印张：12.5
字数：120千字　定价：39.80元

记忆的真相

亲爱的读者，我要告诉你一些关于记忆的真相。

有的人说只要掌握了记忆的方法和秘诀，就能将记忆力提高3倍、5倍、10倍，甚至100倍！你听过吗？

那么，通过训练真的能提高记忆力吗？

答：不能！

为什么不能呢？

从我自身的实践和众多的教学案例发现，通过这套记忆训练，记忆效率确实可以得到非常明显的提高，但记忆力本身并没有提高！打个比方说，你现在要从桂林去北京，你可以选择步行去，也可以选择坐飞机去。坐飞机的速度确实明显提高了，但是你步行的速度不会变，还是原来那个速度，本身并没有提高。

尽管如此，我要告诉你的是，这本书你仍然要认真、仔细地阅读每一个字，因为这里面介绍的都是全世界最顶尖的记忆大师们在幕后训练记忆力的方法，简洁而有效，也是我多年来教学实践的总结精华。

更重要的是，它虽然没有提高你的记忆力，但对你的注意力、想象力和创造力的开发有着巨大的帮助，对我们当前整个社会的教育模式起着一种变革式的推动作用，对我们个人来说也将收获受益终身的人生财富。

拿我自己打个比方：

首先就我的注意力来说，以前我是个很容易受人干扰的人，非常容易分心，现在我有着非常强的抗干扰能力，在嘈杂的环境下我依然能够静下心来学习，并且能很明确地知道自己想要什么，能专注于我想要的事物上。知道自己是谁、知道自己想要什么，这一点就非常难得，因为并不是每个人都很清楚这一点。

其次，从想象力方面来说，以前我可是个木瓜脑袋，毫无想象力可言，经常为写作文犯愁，2003年高考那么重要的时刻，我的作文都是像挤牙膏一样挤出来的。

最后是创造力方面。我喜欢写诗，现在我的微信（微信号：943002592）朋友圈已经发布了不少文章。通过想象力训练我已经创作了大量诗歌，写出几十万字的小说也不在话下，而这在以前简直是比登天还难。

就这三方面来讲，这套记忆训练系统对我个人而言已是无价。相对于西方教育来说，我们中国学生在注意力、想象力和创造力方面缺失得非常严重，这方面的训练能为我们中国教育的振兴插上腾飞的翅膀。

好了，接下来在这本书中，我将会向读者朋友们介绍怎样有趣又实用的内容呢？

我会介绍联想训练、数字训练、扑克牌训练、数字密码和记忆宫殿等内容。这些内容在记忆力训练课程中已经比较常见了，为什么我还要介绍呢？有3个方面的原因：

第一，中国有13亿多人口，能真正接触到这些记忆方法的还只是少数，这些内容对绝大部分人来说仍然是新鲜的。再者，尽管市面上有很多类似的书籍，但真正有深度有见地的并不多。

第二，实践出真知，这里融入了我多年的教学心得，以及我个人独特的理念和体悟。

第三，在我看来这部分基础训练恰恰是整个记忆训练体系中最重要、最经典的部分，很多人却忽略了其重要性，而在其他的外围游离。

同时，在我教学的过程中，有很多人经常问我英语单词该怎么记，我在本书中也会简略地介绍一些单词记忆的方法，但是这些方法并不适合所有人。如果你已经有了很好的英语基础，不建议你使用此方法，只是对于那些困惑于单词记忆的人，希望能略有启发。

阅读指南

如果你想在本书中有更多收获，请按照以下方式阅读：

☆不要跳读，因为本书所有的环节都有内在的逻辑关系，相辅相成，环环相扣，打好前面的基础才能建起高楼。

☆训练，训练，认真训练每一个小节！不要停留在知道层面，否则当你合上这本书的那一刻，你会发现自己仍然一无所获。

☆乐于分享。如果这本书对你有帮助，也一定对别人有帮助，让自己进步最快的方式就是：当别人的老师！

☆建立能量圈。在自己周围建立一个同频的记忆圈，经常交流，相互学习，你的收获将会更多。《道德经》言："既以为人，己愈有；既以与人，己愈多。"确实是至理名言啊！

Contents

目 录

Chapter 1

是什么阻碍你拥有超强大脑

经常会有学员问我，老师，记忆力是天生的还是后天的？据我所知，好记忆确实是天生的，不过通过后天的训练却可以获得惊人的提升。另外，还有一些非常重要的因素也会对你的记忆力造成巨大的影响，那是什么呢？让我们一起来看看。

第1节　影响大脑高效运转的四大隐形杀手

到底是什么在扼杀你的惊人才能？

你是否感觉你的大脑越来越不灵了？

你是否感觉做事千头万绪无从下手？

你是否感觉效率越来越低了？

殊不知：四大隐形杀手正在影响你大脑的高效运转！

接下来，就让我为你一一破解。

杀手之一　无节奏的饮食

饮食上要注意：

· **规律性**；

· **以绿色和五谷为主。**

我们人体是宇宙间一部无比精妙的机器，规律性的饮食，实际上就是这部机器的节奏，只有保持节奏，才有高效率。很多人完全打乱了生物钟，该吃早点时不吃，午饭当早点吃，晚餐当午饭吃，让肠胃在需要休息的时候拼命地工作起来，打乱了人体的节奏。

　　我们要尽量做到，该吃的时候吃好，不该吃的时候不吃。食物以清、素、绿色为主。乔布斯就是一个素食主义者，他头脑轻灵、思维敏锐，拥有洞悉商业与人性、改变世界的创新能量。

　　我还记得2011年参加中国脑力选拔赛的一次经历，现在回想起来都倒抽一口凉气，因为那次我差点无法入围世界赛。缘由是比赛当天来了一位朋友，一高兴请我吃了一顿大餐，吃下油腻的食物后，到了比赛现场我就感觉思维呆滞，反应迟缓，所以很多项目比得一塌糊涂。

　　从那以后，我才知道荤腥食物会对人的大脑思维有很大的影响，所以平时我尽量以清淡的素食为主，几乎不吃零食，不过偶尔会吃些水果。

　　这里提供一些健脑的食物：核桃仁、大枣、葵花子、银耳、莲子、黑芝麻、桂圆、黄豆、花生、鸡蛋、牛奶、动物肝、动物脑、新鲜蔬菜、水果等。

　　凡含有蛋白质、维生素、氨基酸及钙、磷、铁、锌、铬等元素的食物，都有预防脑细胞衰老和增强记忆力的作用。

　　不过也不要刻意去补，只要吃好一日三餐，不挑不偏，多食清素和五谷杂粮就可以了。

杀手之二　忽视运动和睡眠

　　思维与身体实际上是互为一体的。锻炼身体有助于思维灵活，训练思维有助于身体健康。

　　适当的运动非常重要，当然过度的运动则会对身体造成损害（劳累过度）。

　　训练身体，可刺激神经，调促血液，开发身体潜能。金庸小说中的武林高手个个都有过目不忘、匪夷所思的神奇本领。

还有，睡眠——合理的睡眠时间也是非常重要的一个因素。

现在熬夜的人群比较普遍。有的同学学到凌晨一两点，看似很珍惜时间非常用功，其实得不偿失。因为第二天可能一觉睡到10点，上午半天的时间几乎浪费掉，下午精神不振，导致效率低下，晚上继续熬夜，形成一系列的恶性循环。

研究发现，晚上11点到1点，是人体胆经当值，胆主生发的时候，如还在工作，长期熬夜的话，肝胆不能进行正常的运作，将会对身体造成极大的损害。再者，此时外界阴气最重，应注意阴阳平衡，进入休息状态避免阴气入侵。

我记得小时候，人们一般晚上八九点就休息了，清晨五六点起来，呼吸新鲜空气，一天的精力都非常旺盛。

我经常跟我的学员说：休息是为了更好地战斗。

杀手之三　缺乏好的心态

阳光般的心态：积极、勇敢、真诚、坦然、身心合一。

世间事物没有绝对的好坏，塞翁失马焉知非福。宇宙是一个大太极，是阴阳互转、矛盾而统一的存在，有坏的一面，就必有好的一面，凡事都要向好的一面思考，一切都是最好的安排。

其实，最惨的失败、挫折和挑战，往往蕴藏着最大的成功、机遇和希望。

一个60岁的中老年人预感大限将近，开始准备后事，便不久于人世。

一个100岁的老人仍然壮志未泯，开始登临高峰，生气勃勃。

前段时间，我从网上看到一个103岁的巴西老太太进行了一次有史以来最高龄的高空跳伞，多么振奋人心……

有怎样的心态，决定你拥有怎样的世界。

一切不朽的创造、伟大的成就，都是心灵外现的产物。

心态，对一个人的思维、对一个人的成功至关重要！

杀手之四　缺乏科学的训练

你相信吗，笨蛋真的是笨死的！

这要从大脑的生理功能说起。我们的大脑内部实际上是一些突触的网状结构，奇妙的是这些突触物是具有生物活性的，一旦受到外界信息的刺激就会生长，然后互相连接。如果没有信号刺激，这些突触物又会萎缩（建议读者抽时间看一些有关人类大脑的科教读物）。

有人总不思考，导致大脑神经萎缩，以致越来越笨，最后大脑失去了基本的功能。这就好比一艘大船，船长死了，大船就开动不了。身体就是一艘大船，大脑是整个枢纽中心，一旦基本功能丧失，自然会走向灭亡。或者好比一棵大树，树根一旦失去了吸收养分的功能，整棵大树只能枯死。

我们会发现，住在大山里的人都比较淳朴简单，因为他们与外界隔绝了，大脑受到的信号刺激很有限。如果你想变得简单点，就跑进大山里去待待，待久了，你就真的开始变呆了。

一心只读自己书的人一定要小心，不要把自己读成了书呆子，有一段时间，我就快变成书呆子了。所以读万卷书，不如行万里路！

研究表明，人类大脑具有无限潜能。大脑的容量是世界上最大图书馆（美国国会图书馆）容量的50倍，即5亿册图书的容量，只要开发出50%的潜能，就能轻易拿下12个博士学位，掌握40种不同国家的语言。大脑的灵活度也随着使用的频率而增长，也就是越用越灵活。

同时研究发现，大脑灵活的人寿命都比较长。如大部分的科学家、艺术家寿命都比较长。科学家大脑的思维活动主要使用左脑。艺术家大脑的思维活动主要使用右脑。

研究表明，如果一个人大脑的思维活动长期局限在某一个半球，将会导致某种性格倾向，如：严肃、狭隘、极端、顽固。比如，英国伟大的科学家牛顿，以及美国发明家爱迪生，到了晚年就非常顽固，容不下其他新思想的出现！而一些艺术家则会走向疯狂的极端，比如海明威、张国荣、梵高、拜伦。

长期的教学实践让我发现了一个惊人的事实：经过系统的思维训练，学文的人会变成天才，学理的人会变成超级天才！为什么会出现这种现象呢？

经过总结，我明白了其中的原理：学文的人无形中就在使用右脑，通过训练，让他更有意识、更系统地对右脑潜能进行开发和利用，因而威力就更加巨大；而学理的人平时主要使用左脑，通过训练对其右脑进行开发，左右脑一结合自然爆发出惊人的能量。毫无疑问，爱因斯坦就是一个左右脑并用的超级天才。

所以，对大脑进行科学的思维训练，尤为重要！想象力和创造力，将是一生中最重要的财富！

那么，如何对大脑进行科学的训练呢？很多人也在训练记忆力，但始终无法突破，原因何在？

殊不知，他们忽略了五项最基本的系统训练（将在后面章节中做详细介绍）！离开这五项基本的训练，其他便都是徒劳的，就像高楼脱离了地基，便都是空谈一样。

在下面的分享中，我将彻底打开你想象的闸门，释放你无穷无尽的想象，让其如咆哮的洪水般汹涌而出，让你看到一个瑰丽多彩、神奇无比的童话王国，并且你将主宰这个王国，任何不可思议的剧情都由你来编排。

现在我们就开始吧！

很多年前，我听到了这样一个故事，至今还记忆犹新。

画重点

影响大脑高效运转的四大隐形杀手：

☆无节奏的饮食（规律性、以绿色和五谷为主）。

☆忽视运动和睡眠（休息好之后，让自己动起来）。

☆缺乏阳光的心态（积极勇敢地面对一切）。

☆缺乏科学的训练（大脑越用越灵活）。

第2节　一个关于记忆力的离奇故事

在开始我们这次奇妙旅程之前先来给你讲一个离奇的故事，用心听哦，因为你长这么大，可能是第一次听到这样的故事！请先准备好纸和笔，因为这个故事会给你带来很多新的疑问或启发。先把疑问写下来自己思考，有些问题也可能在我们学习的过程中自然而然就迎刃而解了。

如果有实在想不明白的问题，到时可以加我的微信进行互动交流（微信号：943002592）。

这个故事的名字叫作：三个猎人奇遇记。

在遥远的非洲有三个部落，每个部落中都有一个非常厉害的猎人，有一天，这三个猎人相约一起去森林打猎，听好，重点来了，有两个猎人没有带枪，第三个猎人根本就不会放枪。他们就在森林里走啊走啊，走了很久，天慢慢黑下来了，他们又饿又累，隐隐约约看见前面的草丛中有两只雪白的兔子，突然"砰"的一声枪响了，一只中弹的兔子拼命地逃跑了，另一只没中弹的兔子却倒下了，这三个猎人非常高兴，跑过去捡起那只没中弹的兔子。但他们没有锅具，于是他们提着兔子继续向前走。走啊走啊，走了很久，来到了一座没有门、没有窗也没有墙壁和屋顶的屋子前面。他们大声喊了三声叫出了屋主人，对他说："嗨，老兄，我们这里有一只兔子，想跟你借一口锅，可以吗？"这个古怪主人说："我这里有两口锅，一口大锅，是没有底的，另一口锅有底，但是非常小，跟我的眼珠子差不多，你们用哪口锅呢？"三个猎人看了看，想了想，比了比，最后说："那我们就用这口大锅吧。"于是，他们就跟屋主人一起吃到了香喷喷的烤兔肉，最后还喝到了非常鲜美的汤！

好，故事到此结束。

相信你一定大跌眼镜！这究竟是怎么回事？为什么？好了，有疑问的先写下来吧，自己慢慢思考，在我们接下来的学习过程中你就会顿悟！

三分钟时间，先把你想到的问题写下来吧：

问题1：

问题2：

问题3：

问题4：

问题5：

问题6：

……

接下来有两个非常重要的观念告诉你，请你一定要牢牢地把它们记在心里，因为实在是太重要了！它们会彻底颠覆你以前的思维。

观念一　头脑中无所不能

我们的大脑是非常神奇的，每个人与生俱来就拥有巨大的想象能力。无论现实世界中多么遥不可及，在我们的头脑中却只是一瞬间的事。

在我们的大脑中，蓝天可以变成绿色的，大地可以是金黄色，海洋上可以漂满星星和钻石，小小的蚂蚁可以巨如泰山，雄伟的长城也可以瞬间扭动变成苍龙……你从未见过外星人，但你一抬头，一个外星人已经站在了你的面前，还在跟你打招呼……你刚种下一颗种子，这颗种子就在你眼前扎根发芽，冒出地面，越长越大，开花结果……

我们的大脑就是这样神奇，只要你敢想，它就无所不能，精彩由你创造。所以从现在开始，打破一切常规吧！不要让任何规则束缚你狂野的想象力。

观念二　有效果比有道理更重要

我们在学习的时候，一定要紧紧地盯住效果。有的同学非常用功，但效果却很不理想。这就要反思我们学习的方式是不是有问题，是不是需要调整，而不是一味地用功努力就可以了！

那么，到底怎样学习才真正有效呢？这就要从我们大脑的特性入手。

我们会发现，那些习以为常、司空见惯的事物，大脑是不感兴趣的，而那些夸张的、离奇的、古怪的、搞笑的、反常的、不符合逻辑的、具有深刻体验的一些事物往往会让我们记忆深刻、难以忘怀。比如说，如来佛的大手压住孙悟空的画面、"911事件"中燃烧着滚滚浓烟的巨楼倒塌的画面、《白蛇传》中水漫金山的画面、葫芦娃与蛇精搏斗的画面……

掌握了大脑的这个特性，我们就要顺应它的特性，这样会收到意想不到的效果。所以记忆和想象的时候，尽可能夸张，尽可能离奇，越夸张、越离奇、越古怪、越搞笑，记忆效果会越好。

小的可以变大，大的可以变小；少的可以变多，多的可以变少；高的可以变矮，矮的可以变高；白的可以变黑，黑的可以变白；远的可以变近，近的可以变远……无所不用其极！

接下来，就让我们走进记忆之门，尽情释放你的想象吧！

画重点

现在我们再来回顾一下这两个重要的观念。这两个观念将是我们攻破记忆训练的一大利器，有了它们，我们便可以在下面的训练中达到势如破竹、一日千里的成效。

☆头脑中无所不能。

☆有效果比有道理更重要。

Chapter 2

打开高效记忆之门

第1节 高效记忆的本质是图像

在学习科学的记忆之前，首先要对大脑进行科学的认识。先来看一幅大脑的分工图。

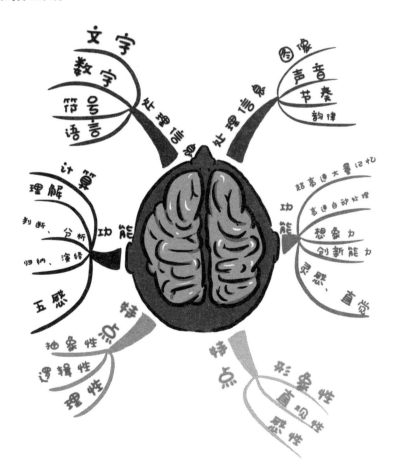

从这幅大脑的分工图上，我们只要看出最重要的一点就好了，那就是：图像！图像！图像！

图像是开发大脑的最重要的手段！一幅图胜过10000字，所以，从现在开始你必须掌握这种威力强大的图像思维，并养成这种记忆习惯。

把看到的、听到的、想到的、闻到的、摸到的、尝到的都迅速变成图像，声音、气味、触感等任何东西都是可以转换成图像的：听到打鸣声，你一定能想出背后有一只公鸡；听到呜~呜~地叫，你知道一定有一列火车来了；一回家就闻到满屋飘香，你知道肯定是妈妈又做出美味的佳肴了；你闭着眼睛摸到毛茸茸的一团，那你肯定是抓住你家调皮的小狗了；如果碰到很扎手的一团，哈，对不起，有可能是你碰到刺猬或是仙人掌了……这些就是转换成图像的效果。

我在给学员上课的时候，最先要训练他们的就是图像转换的能力。

想出的图像越清晰越好，要综合自己五官的感受，能看到它的样子，听到它的声音，闻到它的气味，摸到它的感觉。当你想象出来的图像跟实物一模一样的时候，那你的境界就非常高了。

进行图像想象的时候最好要有足够多的细节来帮助你记忆，例如，你闭上眼睛来想一个萝卜，要想清楚这个萝卜是什么颜色的，是红色的还是白色的，带不带叶子，叶子是青色的还是黄色的，要看清叶子上白色的细毛毛，还要看清楚是否有根须，根须上是干净的还是带着泥沙，等等，要把这些细节想清楚。

我经常会给学员们做如下一组词的训练：

蝴蝶　萝卜　猫　杨梅

你也可以跟着我的引导来做一下这个训练：请做3次深呼吸，然后放松全身，闭上眼睛来进行想象。

现在想象你的眼前有一块屏幕，屏幕上出现了一群五颜六色的蝴蝶，有一只离你最近，你能看清它飞翔的每一个动作，然后这只蝴蝶飞过来轻轻落在你的鼻尖上，你能感觉到自己的鼻尖上痒痒的，还有它翅膀扇出来的一股股微风，现在你要看清它的触须、眼睛，还有它那身带着粉末的漂亮花衣裳，这些都能看到吗？很好，现在这只蝴蝶飞走了。

屏幕上出现了一个萝卜，这个萝卜是什么颜色的，带不带叶子，叶子又是什么颜色，萝卜表面是否光滑，是否有根须和泥沙，这些都要想清楚。

好，现在萝卜消失了，屏幕上又出现了一只猫，要想清楚这只猫是什么颜色的，是白色的还是黑色的，还是花色的，它出现在哪里，是在草丛中还是在爬树，是在喷泉旁，还是在墙头上。然后要看清猫的眼睛，并且数一数它有几根小胡须，嗯，现在你听到一声猫叫，叫完它就蹿进花丛中不见了。

接着屏幕上出现了一篮子杨梅，半生不熟的，那个酸啊，现在你的嘴里已经开始在咽口水了……

经过这样短暂的预热训练，你的右脑已被激活了。

记得有一次给学员做这个训练的时候，时间是在晚上，当我说到要看清这只猫的眼睛的时候，有一位女同学浑身颤抖了一下。这位女同学是学画画的，图像思维能力非常好，所以想象得非常逼真，我相信那只猫的两只眼睛一定给她留下了深刻的印象。后来她学习非常棒，是我最优秀的学员之一。

要点：注意力=记忆力

你的注意力越集中，你记忆的效果就会越好！平时你摆一本书在面前，看似认真努力地在看，实际上眼前一片模糊，注意力涣散，花费了时间和精力却什么也没记住！

那么，如何才能提高注意力？

非常简单，提高注意力的秘诀就是：想象出图像！图像是有力量的，它能够产生吸力和斥力。

如果把意念疏导在手心，手心马上就会发热，这就是力量。

你会发现，当你做白日梦或者浮想联翩的时候，通常是沉浸在一些美妙的画面之中，在里面游山玩水逍遥自在、甜言蜜语海誓山盟之类，这是正面的想象，产生吸力；而当你做噩梦或是走夜路的时候，你会看到很多恐怖的画面，为之惧怕，这是负面的想象，产生斥力。

所以，要做积极、美好、正面的想象，这样你就会愿意待在里面，并被深深地吸引。

生活是美好的，哪怕眼前困难重重，我们依然要坚信生活是美好的，依然充满希望。这也是一种生活和人生的态度，在我们想象的世界里更容易实现。

画重点

☆声音、气味、触感等任何东西都是可以转换成图像的。

☆进行图像想象的时候最好要有足够多的细节来帮助你记忆。

☆你的注意力越集中，你记忆的效果就会越好，而提高注意力的秘诀就是：想象出图像。

第2节　联想是高效记忆的秘诀

接下来，我要为你逐步揭开高效记忆的神秘面纱了，那么高效记忆的秘诀到底是什么呢？

经过大量的研究之后，我们终于得出了结论：记忆即联想！

通俗来讲，你想记住什么东西，只要将其跟你熟悉的东西联系在一起就可以了。

现在我来举一个例子：草原上有一头野牛非常凶猛，跑得非常快，如果我们在地上打上一根木桩，然后用一根铁链把野牛的后腿拴住，那么不论这头野牛多么凶猛彪悍，它都无法再跑掉。

好，这头野牛就相当于我们要记忆的新知识，这根桩子就相当于我们熟悉的东西，而这根铁链是什么呢？就是联想，需要发挥我们强大的联想能力。

一栋大楼要想建得非常高，什么最重要？当然是基石。在记忆学领域，联想就是记忆这座大厦的基石。你的联想力有多强，你的记忆就会有多快。换句话说，你的记忆力取决于你的联想力。

从这里我们可以看出，过去的一切经验，不论成功还是失败都将是一笔宝贵的财富，都可以派上用场，让你不再出现知识的断层。所以，要善于挖掘你的过去。

现在我们来做个简单的练习，当你看到"西游记"这三个字的时候会

联想到什么？很好，你会想到孙悟空、猪八戒、唐僧、沙和尚、白龙马、花果山、白骨精、红孩儿、老乌龟、人参果、观音、如来、五指山……

当你看到"O"会联想到什么？你可能会想到太阳、月亮、各种星体、呼啦圈、眼睛、头、西瓜、车轮……

这就是联想的威力。

画重点

☆你想记住什么东西只要将其跟你熟悉的东西联系在一起就可以了。

☆你的联想力有多强，你的记忆就会有多快。

☆过去的一切经验，不论成功还是失败都将是一笔宝贵的财富。

第3节　连锁故事法与图像定位法

下面我将为你介绍中文记忆的两大方法，所有的记忆方法归纳起来不外乎两种：连锁故事法和图像定位法。

先来介绍第一种方法，进一步开发你的想象力。你会慢慢发现自己的天赋及巨大的潜能，并做到一些不可思议的事情。但是请先不要激动，慢慢往下看，并认真完成书中的每一项练习，最后你一定会为自己感到震惊！

连锁故事法就是将资料转化成图像，然后像锁链一样，将图像以故事的形式一个接一个地连接起来，那么所有的资料都会因为这种两两相连的方法，而顺序不混乱地被准确地记忆下来。

其规则是：

· 具体图像

· 图像两两相连

· 动漫化、趣味化

· 夸张、离奇

这种方法非常简单。第一步把要记的资料转化成图像，然后用夸张的想象力把它们串联起来。

在课堂上我经常会问我的学生两个问题：

请问轮胎——蛇这两个事物之间有什么关系？

　　小学生们会兴致盎然，冒出各种各样的答案，而成年人们会觉得莫名其妙、百思不得其解，认为这两个东西之间风马牛不相及，实在没办法联系在一起，所以给出的都是几个干巴巴、毫无生命力的答案！

　　好，现在给你两分钟时间，你来思考一下这个问题，看看你的答案是什么。

　　有的人会说："老师，轮胎的皮跟蛇的皮很像，还有，蛇盘起来像轮胎，还有，一个有生命一个没有生命，还有……"呵呵，看来智穷力竭了。很快我就会问得他哑口无言。其实我告诉你，这两个东西之间根本没有任何联系！

　　但是，它们之间却又有千万种联系！只要你的想象力足够丰富！

　　你可以想象为一个巨大的轮胎滚过来把蛇擀成了面；蛇吞云吐雾似的吐出一个个着火的大轮胎；蛇耍杂技穿过一串着火的轮胎；蛇把轮胎当作呼啦圈来做运动瘦身；蛇趴在轮胎上旋着尾巴过海……其实无穷无尽呢。

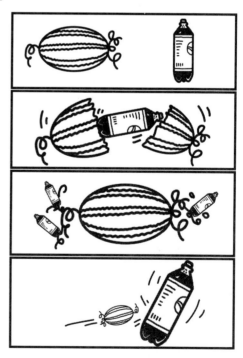

　　我相信你找到感觉了。好，我们再来一个，请问西瓜——可乐这两个事物之间有什么关系吗？

　　你可以想象为切开西瓜发现里面是一瓶可乐；西瓜藤上结出的不是西瓜而是可乐；把一瓶可乐吹成西瓜型；一个巨大的西瓜来势凶猛地撞翻了一瓶摩天大楼那么大的可乐……

　　不要小看这两个例子，其实里面含有非常深刻的意义！

　　首先，它开拓了你的思维，开

发了你的想象力；更重要的是，它里面蕴藏着一个原理，叫作联结，下次当你一看到轮胎你的脑海中马上就会联想到蛇，一看到西瓜马上就会联想到可乐！

所以轮胎和西瓜就像两根柱子，牢牢地绑定了后面的蛇和可乐。那么把这个原理拓展推而广之就是：用我们熟悉的东西去绑定陌生的东西！

比如，要记忆中国省份和对应的省会城市，运用这个方法就可以非常简单地记忆下来。例如：

想象1：黑龙江→哈尔滨——一条黑色的龙在江边哈了一口气就结成了耳朵形状的冰；

想象2：吉林→长春——吉林因为长了很多吉祥的树木，所以经常是春天；

想象3：辽宁→沈阳——辽宁出了个小沈阳，小沈阳不就是辽宁那旮旯的嘛！

掌握了连锁故事法之后，现在利用这种记忆方法来做以下练习：

广　西（南宁）

广　东（广州）

江　西（南昌）

青　海（西宁）

西　藏（拉萨）

新　疆（乌鲁木齐）

甘　肃（兰州）

四　川（成都）

贵　州（贵阳）

福　建（福州）

安　徽（合肥）

江　苏（南京）

浙　江（杭州）

陕　西（西安）

海　南（海口）

台　湾（台北）

宁 夏（银川）

内蒙古（呼和浩特）

黑龙江（哈尔滨）

吉　林（长春）

辽　宁（沈阳）

河　北（石家庄）

河　南（郑州）

山　西（太原）

山　东（济南）

湖　北（武汉）

湖　南（长沙）

云　南（昆明）

很简单吧！现在来进行检验一下：

广　西（　　）

广　东（　　）

江　西（　　）

福　建（　　）

安　徽（　　）

江　苏（　　）

黑龙江（　　）

吉　林（　　）

辽　宁（　　　）

青　海（　　　）

西　藏（　　　）

新　疆（　　　）

甘　肃（　　　）

四　川（　　　）

贵　州（　　　）

浙　江（　　　）

陕　西（　　　）

海　南（　　　）

台　湾（　　　）

宁　夏（　　　）

内蒙古（　　　）

河　北（　　　）

河　南（　　　）

山　西（　　　）

山　东（　　　）

湖　北（　　　）

湖　南（　　　）

云　南（　　　）

画重点

☆所谓记忆术就是创造联结的艺术。

☆高效记忆的核心：联想、联结、有效果。

☆联想帮助你开发右脑，联结是记得牢固的不二法门。

第4节 高效记忆的初步练习

现在利用这些策略性的理念作为指导，我们从两个词语开始做基础性的练习，很快你就会发现自己的神奇变化，并为自己感到惊讶。下面是五组词语，每一组你都要在尽可能短的时间内想出尽可能多的联结方式，现在提高你的专注力，拿上秒表计时开始：

山巅——钥匙

1＿＿＿＿＿＿＿＿＿＿＿＿＿＿＿＿＿＿

2＿＿＿＿＿＿＿＿＿＿＿＿＿＿＿＿＿＿

3＿＿＿＿＿＿＿＿＿＿＿＿＿＿＿＿＿＿

4＿＿＿＿＿＿＿＿＿＿＿＿＿＿＿＿＿＿

5＿＿＿＿＿＿＿＿＿＿＿＿＿＿＿＿＿＿

钥匙——鹦鹉

1＿＿＿＿＿＿＿＿＿＿＿＿＿＿＿＿＿＿

2＿＿＿＿＿＿＿＿＿＿＿＿＿＿＿＿＿＿

3＿＿＿＿＿＿＿＿＿＿＿＿＿＿＿＿＿＿

4＿＿＿＿＿＿＿＿＿＿＿＿＿＿＿＿＿＿

5＿＿＿＿＿＿＿＿＿＿＿＿＿＿＿＿＿＿

鹦鹉——球儿

1＿＿＿＿＿＿＿＿＿＿＿＿＿＿＿＿＿＿

2＿＿＿＿＿＿＿＿＿＿＿＿＿＿＿＿＿

3＿＿＿＿＿＿＿＿＿＿＿＿＿＿＿＿＿

4＿＿＿＿＿＿＿＿＿＿＿＿＿＿＿＿＿

5＿＿＿＿＿＿＿＿＿＿＿＿＿＿＿＿＿

球儿——尿壶

1＿＿＿＿＿＿＿＿＿＿＿＿＿＿＿＿＿

2＿＿＿＿＿＿＿＿＿＿＿＿＿＿＿＿＿

3＿＿＿＿＿＿＿＿＿＿＿＿＿＿＿＿＿

4＿＿＿＿＿＿＿＿＿＿＿＿＿＿＿＿＿

5＿＿＿＿＿＿＿＿＿＿＿＿＿＿＿＿＿

尿壶——山虎

1＿＿＿＿＿＿＿＿＿＿＿＿＿＿＿＿＿

2＿＿＿＿＿＿＿＿＿＿＿＿＿＿＿＿＿

3＿＿＿＿＿＿＿＿＿＿＿＿＿＿＿＿＿

4＿＿＿＿＿＿＿＿＿＿＿＿＿＿＿＿＿

5＿＿＿＿＿＿＿＿＿＿＿＿＿＿＿＿＿

怎么样，没什么难度吧？我们可以放开胆量去联想。

举例1：山巅像火山一样喷出了一把巨大的钥匙；

　　　　山巅裂开蹦出一把金钥匙；

　　　　山巅崩塌了现出了一把钥匙；

　　　　山巅倒下来砸到了一把钥匙；

　　　　山巅上像刺猬似的插满了钥匙；

　　　　……

举例2：钥匙从天而降砸到了鹦鹉头上；

　　　　钥匙挂在鹦鹉脖子上；

钥匙像箭一样射中鹦鹉胸腔；

钥匙被鹦鹉叼在嘴里；

钥匙像蜜蜂一样绕着鹦鹉飞来飞去；

……

举例3：鹦鹉踩着一个球儿；

鹦鹉吐出一个球儿；

鹦鹉生出了一个球儿；

鹦鹉掉出了眼球儿；

鹦鹉翅膀下夹着一个球儿；

……

举例4：球儿撞翻了尿壶；

球儿滚进了尿壶；

球儿张开大嘴吃掉了尿壶；

球儿一脚踢飞了尿壶；

球儿对着尿壶大喊大叫；

……

举例5：尿壶砸到了山虎的头；

尿壶跟山虎亲了一口；

尿壶浇得山虎浑身湿透；

尿壶套在山虎脚上；

尿壶钻进山虎的嘴巴里；

……

好，现在我们可以挑战五个词语了，你准备好了吗？把它们串联起来，尽可能用最短的时间。

例1：　山虎——芭蕉——气球——扇儿——妇女

举例1：山虎剥开一个大芭蕉，里面飞出一个红色的大气球，气球上掉下一把扇儿砸到了一个妇女头上。

现在根据图像回想一遍：山虎剥开了一个什么？芭蕉。芭蕉里面飞出一个什么？气球。气球上掉下一把什么？扇儿。扇儿砸到了谁？妇女。

然后我们可以根据图像倒着回忆一遍：最后一个是妇女被什么砸到了？扇子。扇子是从哪里掉下来的？气球。气球又是从哪里飞出来的？芭蕉。芭蕉是谁剥开的？山虎。

非常棒，现在你可以把第一组词语倒背如流了！

例2：妇女——饲料——河流——石山——妇女

举例2：妇女不吃饭，在大口大口地吃饲料，饲料不好吃就倒进了河流，河流非常凶猛地冲刷着石山，石山的山顶上坐着另一个妇女。

现在自己根据图像回想一遍，然后试着倒背如流。

可能你会觉得奇怪，怎么都是妇女啊、扇儿啊、气球啊之类的，我是刻意这样安排的，为了给你一个惊喜，你一定会大吃一惊！

现在我们来一个飞跃，突破20个词语，你敢不敢挑战一下自己？

例：妇女　扇儿　气球　武林　恶霸　巴士　药酒　鸡翼　太极　三角
　　旧伞　积木　棒球　尾巴　香烟　旧旗　湿狗　蛇　五角星　和尚

3分钟时间，挑战开始！

写出你的想象：＿＿＿＿＿＿＿＿＿＿＿＿＿＿＿＿＿＿＿

＿＿＿＿＿＿＿＿＿＿＿＿＿＿＿＿＿＿＿＿＿＿＿＿＿＿＿

＿＿＿＿＿＿＿＿＿＿＿＿＿＿＿＿＿＿＿＿＿＿＿＿＿＿＿

举例：妇女拿着扇儿拍破了气球，里面蹦出一个武林中人，武林中人追杀恶霸，恶霸开着巴士逃跑，巴士上装着一车药酒，药酒里泡着鸡翼，鸡翼是活的，打出一个个太极拳，太极拳打中了一个巨大的三角尺，三角尺弹在一把旧伞上，旧伞撑在一堆积木里，积木下面全是雪白的棒球，棒球飞起来砸中松鼠的尾巴，松鼠在抽香烟，香烟点着了旧旗，旧旗着火，湿狗来救，湿狗的一只脚上缠着一条蛇，蛇的尾巴上甩出一个五角星去暗杀和尚。

回想一遍，再倒背如流！

现在这里有20个词语，完全交给你自己来练习：

五角星　和尚　令旗　白蚁　螺丝　手枪　恶霸　牛儿　篱笆　舅舅

八路　恶霸　凳子　丝瓜　二胡　三丝　鳄鱼　仪器　手枪　气球

写出你的想象：＿＿＿＿＿＿＿＿＿＿＿＿＿＿＿＿＿＿＿＿＿＿＿＿

＿＿＿＿＿＿＿＿＿＿＿＿＿＿＿＿＿＿＿＿＿＿＿＿＿＿＿＿＿＿＿

＿＿＿＿＿＿＿＿＿＿＿＿＿＿＿＿＿＿＿＿＿＿＿＿＿＿＿＿＿＿＿

相信通过这些练习，你的思路已经被完全打开了，并且已经找到了很大的自信。

现在我们把这些记过的词语从头到尾再串联一遍，你就会感到惊讶了。

山巅　钥匙　鹦鹉　球儿　尿壶　山虎　芭蕉　气球　扇儿

妇女　饲料　河流　石山　妇女　扇儿　气球　武林　恶霸

巴士　药酒　鸡翼　太极　三角　旧伞　积木　棒球　尾巴

香烟　旧旗　湿狗　蛇　五角星　和尚　令旗　白蚁　螺丝

手枪　恶霸　牛儿　篱笆　舅舅　八路　恶霸　凳子　丝瓜

二胡　三丝　鳄鱼　仪器　手枪　气球

这里的51个词语你已经可以做到倒背如流了，是不是很不可思议？这样的联想练习可以随时随地，不受任何限制的去做。把联想当成一种习惯，你很快就会发现自己惊人的记忆能力。

现在我要告诉你的是，你在把这51个词语做到倒背如流的同时也完成了另一件更加惊人的事，你已经把圆周率前100位数字做到了倒背如流，不敢相信是吗？我们来把词语还原成数字。

山巅是3点，　钥匙谐音成14，　鹦鹉谐音成15，　球儿谐音成92，

尿壶谐音成65，　山虎谐音成35，　芭蕉谐音成89，　气球谐音成79，

扇儿谐音成32，　妇女是数字38，　饲料谐音成46，　河流谐音成26，

石山谐音成43，　妇女是数字38，　扇儿谐音成32，　气球谐音成79，

武林是数字50，　恶霸谐音成28，　巴士谐音成84，　药酒谐音成19，

鸡翼谐音成71，　太极像数字69，　三角是谐音39，　旧伞谐音成93，

积木谐音成75，　棒球是数字10，　尾巴谐音成58，　香烟是20根，

旧旗谐音成97，　湿狗谐音成49，　蛇声音像44，　五角星是数字59，

和尚谐音成23，　令旗谐音成07，　白蚁谐音成81，　螺丝谐音成64，

手枪是06（6发子弹），　恶霸谐音成28，　牛儿谐音成62，篱笆是08，

舅舅谐音成99，　八路谐音成86，恶霸谐音成28，　凳子是03（3条腿），

丝瓜谐音成48，　二胡谐音成25，　三丝谐音成34，　鳄鱼谐音成21，

仪器谐音成17，　手枪是06，　气球谐音成79。

圆周率前100位：

3.1415926535 8979323846 2643383279 5028841971 6939937510
5820974944 5923078164 0628620899 8628034825 3421170679。

我国有位非常著名的桥梁专家、数学家茅以升，他花了三个月时间才把圆周率100位背下来，现在你连三天都不需要！

有的人会问：背下圆周率有什么用？你是否也会有这样的疑问呢？我要告诉你：作用可大着呢！

第一，如果别人连10位都背不出来，而你能很轻松地将100位倒背如流，跟他相比你会不会更有自信？

第二，圆周率能打通你长期记忆的开关！我们记忆速度最快的学员背诵圆周率只需要8秒钟，当达到这个速度的时候，你的潜意识记忆将被打通，长期记忆会被连接上，你会发现背诵其他的诗文、单词等速度都会加

快！和尚的记忆力一般都比较好，为什么？因为他们天天都在念经，潜意识记忆的通路非常顺畅。

所以挑战自己吧，把圆周率背得滚瓜烂熟，然后去跟你的朋友们分享你的成长和喜悦。独乐乐不如众乐乐，你可以尝试用自己的方式把他们教会，这会让你成长得更快。

练习1：记忆以下地名。

葡萄牙　阿拉斯加　约旦　新加坡　太平洋　日本　瑞典　墨西哥

俄罗斯　菲律宾　珠穆朗玛峰　新西兰　缅甸　刚果　巴黎　阿富汗

伊拉克　阿拉伯　夏威夷　华盛顿　耶路撒冷　喜马拉雅山　巴基斯坦

写出你的想象：＿＿＿＿＿＿＿＿＿＿＿＿＿＿＿＿＿

＿＿＿＿＿＿＿＿＿＿＿＿＿＿＿＿＿＿＿＿＿＿＿＿

＿＿＿＿＿＿＿＿＿＿＿＿＿＿＿＿＿＿＿＿＿＿＿＿

举例：

每天早上刷过葡萄牙，再喝点阿拉斯加粥，吃两个药蛋（"约旦"谐音记忆，下同），然后去爬爬新加坡，赏赏太平阳（太平洋）。

上午翻翻日本，查查瑞典，听听墨西歌（墨西哥）。

中午吃吃饿螺丝（俄罗斯），外加菲律冰（菲律宾），下午吹吹珠穆朗玛风（珠穆朗玛峰），带上新西篮（新西兰），逛逛缅店（缅甸），买点刚果，称点巴梨（巴黎）。

晚上累得一身阿富汗，还得去上伊拉课（伊拉克）。

不过周末可以走访阿拉伯，看望夏威姨（夏威夷），顺便吃上一顿华盛顿。

别得意，提醒下，天已耶路撒冷，注意多穿点喜马拉雅衫（喜马拉雅山），晚上睡觉最好垫上巴基斯毯（巴基斯坦），祝你学习愉快！

练习2：记忆浙江十大名胜古迹。

1. 西湖　　　2. 普陀山　　　3. 天台山　　　4. 乐清北雁荡山

5. 莫干山　　　6. 嘉兴南湖　　　7. 桐庐瑶琳仙境

8. 永嘉楠溪江　　　9. 天目山　　　10. 钱塘江

写出你的想象：＿＿＿＿＿＿＿＿＿＿＿＿＿＿＿＿＿＿＿＿

＿＿＿＿＿＿＿＿＿＿＿＿＿＿＿＿＿＿＿＿＿＿＿＿＿＿＿＿

练习3：记忆中国"二十四史"。

《史记》　《汉书》　《后汉书》　《三国志》　《晋书》

《宋书》　《南齐书》　《梁书》　《陈书》　《魏书》

《北齐书》　《周书》　《隋书》　《南史》　《北史》

《旧唐书》　《新唐书》　《旧五代史》　《新五代史》

《宋史》　《辽史》　《金史》　《元史》　《明史》

写出你的想象：＿＿＿＿＿＿＿＿＿＿＿＿＿＿＿＿＿＿＿＿

＿＿＿＿＿＿＿＿＿＿＿＿＿＿＿＿＿＿＿＿＿＿＿＿＿＿＿＿

练习4：记忆我国56个民族名称。

1. 汉族	2. 蒙古族	3. 回族	4. 苗族
5. 傣族	6. 傈僳族	7. 藏族	8. 壮族
9. 朝鲜族	10. 高山族	11. 纳西族	12. 布朗族
13. 阿昌族	14. 怒族	15. 鄂温克族	16. 鄂伦春族
17. 赫哲族	18. 门巴族	19. 白族	20. 保安族
21. 布依族	22. 达斡尔族	23. 德昂族	24. 东乡族
25. 侗族	26. 独龙族	27. 俄罗斯族	28. 哈尼族
29. 哈萨克族	30. 基诺族	31. 京族	32. 景颇族

33. 柯尔克孜族　　34. 拉祜族　　　35. 黎族　　　　36. 畲族

37. 珞巴族　　　　38. 满族　　　　39. 毛南族　　　40. 仫佬族

41. 普米族　　　　42. 羌族　　　　43. 撒拉族　　　44. 水族

45. 塔吉克族　　　46. 塔塔尔族　　47. 土家族　　　48. 仡佬族

49. 土族　　　　　50. 佤族　　　　51. 维吾尔族　　52. 乌孜别克族

53. 锡伯族　　　　54. 瑶族　　　　55. 裕固族　　　56. 彝族

写出你的想象：_____

_____

_____

画重点

☆牢记本节的51个词语就相当于记住了圆周率前100位。

☆背下圆周率前100位能让你学习更有信心。

☆圆周率能打通长期记忆的开关。

第5节　抽象信息的转换

以上讲的都是非常形象的词语，很容易转化成图像，但是在我们学习的过程中也会遇到很多抽象的词语，怎么办呢？同样也有方法进行转化，例如：

1.倒字法：雪白→白雪

　　　　　金黄→黄金

2.谐音法：文化→闻花

　　　　　高尚→高山

3.替代法：冲天→火箭

　　　　　诗人→李白

4.增减字：生命→生命1号

　　　　　原始→原始人

5.创新定义：开怀→把怀抱打开

　　　　　　关心→把心关起来

这5种方法要学会灵活运用，当然，这些都是技巧，属于"术"，学习的最高境界就是忘掉所有的技巧，

而把握核心的"道"，那么这里的"道"是什么呢？

"道"就是：化抽象为形象。

我们只需要根据"第一印象"就可进行记忆。那么什么是第一印象呢？就是当看到需要记忆的材料时，大脑不假思索就能冒出一个形象的物质出来跟它对应，这个形象的物质就是第一印象。

比如看到词语"红扑扑"，你就会想到苹果，或者太阳、脸蛋、辣椒、鸡冠、葡萄；看到词语"蓝色"，你就会想到天空，或者大海、幕布……

总之，要学会把握第一印象，这就是化抽象为形象的关键技巧！

下面有一些词语，请根据第一印象写出你转换的词语。

开发_____

健身_____

坚决_____

可爱_____

终于_____

平行_____

股权_____

考查_____

远大_____

和谐_____

神奇_____

时辰_____

市场_____

机器_____

飞升_____

领袖＿＿＿＿＿＿

摘采＿＿＿＿＿＿

智能＿＿＿＿＿＿

煽动＿＿＿＿＿＿

见地＿＿＿＿＿＿

除此之外，你还可以取出课本或其他书籍进行将抽象词转化为形象词的专项训练。

画重点

☆高效记忆法的核心是化抽象为形象。

☆抽象词汇转化成形象词汇的方法有五种：倒字法、谐音法、替代法、增减字和创新定义。

☆把握第一印象是化抽象为形象的关键技巧。

第6节　怎样才能减缓遗忘

再优秀的大脑都会发生遗忘，这是自然的法则。如何来减缓遗忘的速度呢？这里到底隐藏着怎样的秘密呢？

早在19世纪，德国的心理学家艾宾浩斯就对此做了深入的研究，下图是非常著名的艾宾浩斯遗忘曲线：

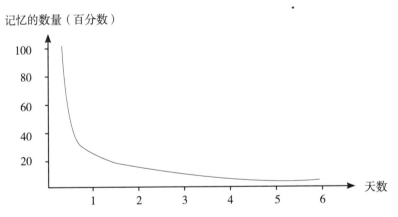

通过这条曲线，我们发现了一个规律，学习任何新的东西，在开始的时候遗忘速度是非常快的，然后慢慢减缓下来。即存在"先快后慢"的遗忘现象，如果我们想要减缓遗忘，就要反其道而行之，即复习的频率要"先紧后疏"。

艾宾浩斯发现，人的大脑大概经过7遍（即：10分钟、30分钟、1天、4天、7天、15天、30天）的复习会完成一个循环，经过这样的循环就能将记忆材料进行长期记忆了。

这就是遗忘的定量性规律，如果利用好此规律，它将在我们的学习中起到极大的指导作用，让我们的学习达到事半功倍的效果。

比如，一堂课是45分钟，当老师讲了10分钟左右的时候，这时我们一定要记得把笔记本上的要点回顾一遍，加深印象，30分钟左右的时候，也就是下课之前，把老师讲的所有要点从头到尾再次回顾一遍，加深印象，晚上临睡前再重温一遍，这样一天下来，对老师讲的知识要点做了3次复习，印象就会非常深刻，并且可以保持好几天不遗忘。

如果不这样做，你就会发现过几天再来复习的话，所有的知识点都已经似是而非模糊不清了，那时你要花费很大的力气来进行"补救"。

所以，按照艾宾浩斯遗忘曲线规律及时复习，将会省时省力、事半功倍。

下一章，将进一步引爆你的记忆潜能。

画重点

☆德国的心理学家艾宾浩斯发现了记忆和遗忘的规律。

☆按照艾宾浩斯遗忘曲线的规律及时复习会省时省力、事半功倍。

☆复习的频率要"先紧后疏"。

Chapter 3

数字密码是高效记忆的基础

第1节 110个数字密码

有的人可以将整本日历倒背如流，做到无比精准的记忆；有的人可以1个小时记忆2000多个随机数字；有的人却将重要的银行卡密码和QQ密码都会忘掉，还有重要的日期和生日也会忘得一干二净。

还有更夸张的是，我有一个高中同学，当面交代给他的事转身就忘，因此他还得了个诨名叫"大理石脑袋"。

有时新结识一个朋友，留个QQ号吧，等想找个纸笔时，结果找了半天找不到，十分尴尬。

……

你有过以上情况吗？为什么人与人之间就这么天差地别呢？

现在随意写出一串数字：

37295027184038295038275930856382950395837993

你能记住吗？很难！

但是这对我来说却非常容

易，甚至可以倒背如流。我是如何做到的呢？接下来，我就要为你解开这个谜团：

因为，我的大脑中有一套非常神奇的数字密码。这套数字密码可以帮助我做到很多不可思议的事情，甚至能创造世界纪录。

如果你想唤醒自己沉睡的记忆潜能，那就一定要掌握这套数字密码，每位世界记忆大师都身怀这样的"上乘绝学"。

记忆力的巨大提升，离不开五项非常重要的基本训练！这五项基本训练包括：词语训练，数字训练，扑克训练，句子训练，文章训练。

前面两章已经带你走进了记忆之门，打开了你想象的开关，接下来将通过数字的训练，让你再登上一个新的高峰，这就要通过数字密码来实现。

那么，什么是"数字密码"呢？

其实很简单，就是把数字转换成熟悉的图像，而这套图像就是所谓的"数字密码"。

在我们上幼儿园的时候，老师就教过我们一些，比如"0"像什么，说像鸡蛋，像苹果，像太阳；"1"像什么，像手指，像树干，像扁担；"2"像什么，像鸭子；"3"像什么，像耳朵……

那时候幼儿园老师也不知道什么叫数字密码，所以只能教我们到数字11就结束了。经过专业的记忆专家研究后，一共拓展成了110个数字。这套数字密码一定要背得滚瓜烂熟，达到看到数字能快速反应出图像，看到图像能快速反应出对应的数字的效果。现在我们来看一看这110个数字密码：

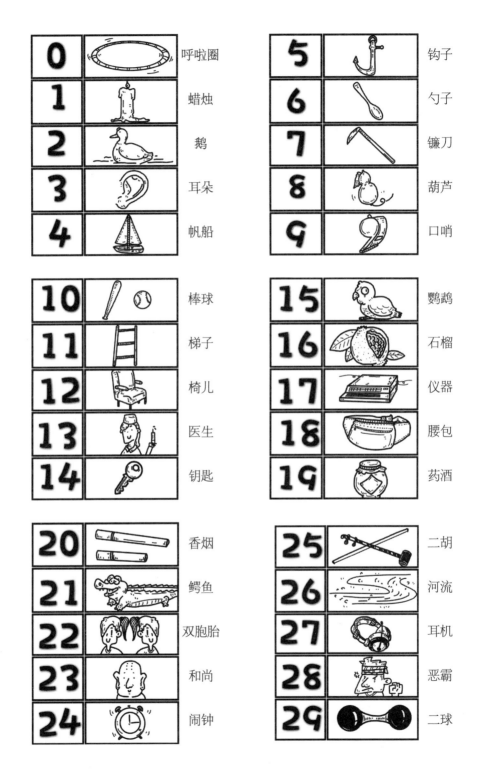

0		呼啦圈
1		蜡烛
2		鹅
3		耳朵
4		帆船

5		钩子
6		勺子
7		镰刀
8		葫芦
9		口哨

10		棒球
11		梯子
12		椅儿
13		医生
14		钥匙

15		鹦鹉
16		石榴
17		仪器
18		腰包
19		药酒

20		香烟
21		鳄鱼
22		双胞胎
23		和尚
24		闹钟

25		二胡
26		河流
27		耳机
28		恶霸
29		二球

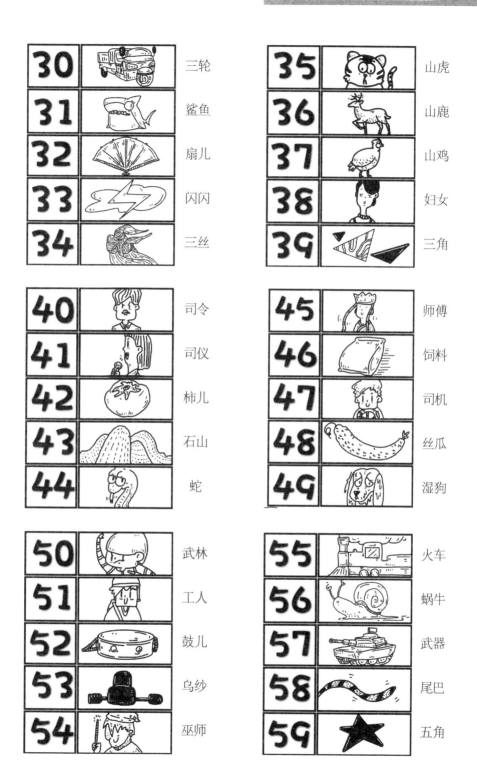

30		三轮
31		鲨鱼
32		扇儿
33		闪闪
34		三丝

35		山虎
36		山鹿
37		山鸡
38		妇女
39		三角

40		司令
41		司仪
42		柿儿
43		石山
44		蛇

45		师傅
46		饲料
47		司机
48		丝瓜
49		湿狗

50		武林
51		工人
52		鼓儿
53		乌纱
54		巫师

55		火车
56		蜗牛
57		武器
58		尾巴
59		五角

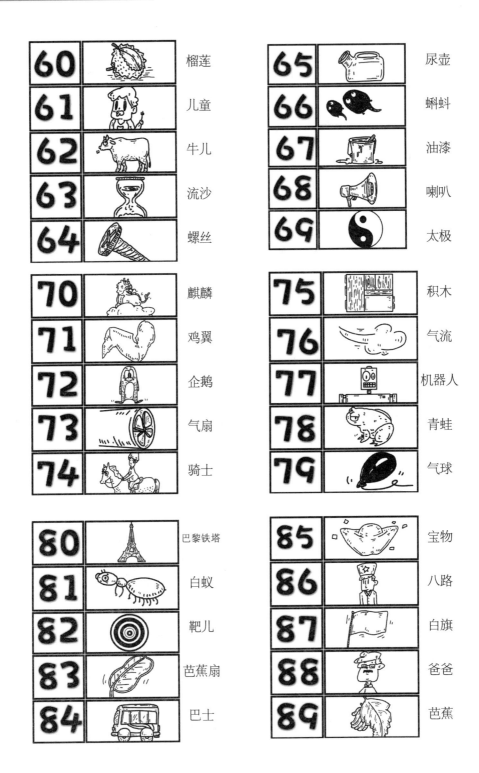

60	榴莲
61	儿童
62	牛儿
63	流沙
64	螺丝

65	尿壶
66	蝌蚪
67	油漆
68	喇叭
69	太极

70	麒麟
71	鸡翼
72	企鹅
73	气扇
74	骑士

75	积木
76	气流
77	机器人
78	青蛙
79	气球

80	巴黎铁塔
81	白蚁
82	靶儿
83	芭蕉扇
84	巴士

85	宝物
86	八路
87	白旗
88	爸爸
89	芭蕉

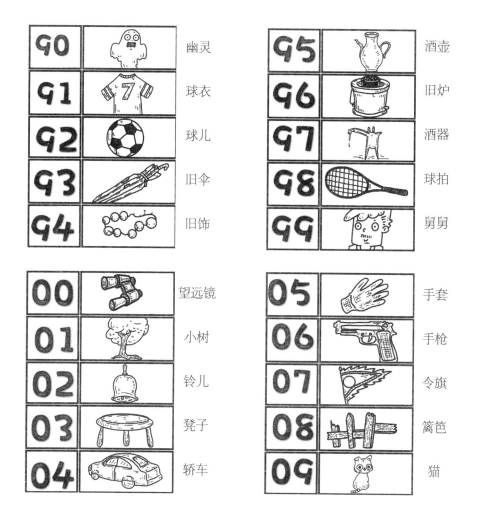

90		幽灵
91		球衣
92		球儿
93		旧伞
94		旧饰

95		酒壶
96		旧炉
97		酒器
98		球拍
99		舅舅

00		望远镜
01		小树
02		铃儿
03		凳子
04		轿车

05		手套
06		手枪
07		令旗
08		篱笆
09		猫

画重点

☆记忆力提升需要五项训练：词语训练、数字训练、扑克训练、句子训练和文章训练。

☆数字密码就是把数字转化成熟悉的图像。

☆数字密码能唤醒你的记忆潜能。

第2节　怎样快速牢记110个数字密码

这110个数字密码有三大规律，只要抓住规律快速牢记数字密码就非常简单。

第一条是形象规律，比如0（呼啦圈）、1（蜡烛）、2（鹅）、3（耳朵）、4（帆船）、5（钩子）、6（勺子）、7（镰刀）、8（葫芦）、9、（口哨）10（棒球）、11（梯子）。

第二条是谐音规律，比如12（椅儿）、13（医生）、14（钥匙）、15（鹦鹉）。

第三条是逻辑规律，比如20是香烟（一盒烟有20根），38是妇女（三八妇女节），61是儿童（六一儿童节）。

其中使用最多的是谐音规律。

根据我个人的经验，可以提供四种加快背诵的方式：

第一种：倒置法。比如12是椅儿，倒置21是鳄鱼；13是医生，倒置31是鲨鱼。

第二种：绑定法。比如66蝌蚪记住了，而67油漆总是想不起来，就可以把66和67绑定起来进行记忆：想象一大群蝌蚪围着油漆在游泳，甚至游到油漆里面去了。如果65尿壶也记不住，可以一起绑定：想象蝌蚪从尿壶里游出来，游到了油漆里，等等，只要记不住的就把它跟容易记住的绑定在一起来记忆。

第三种：搭档法。搭档法顾名思义就是找一个搭档来互问互答，这个搭档可以是你的同学、朋友、邻居，或者爸爸妈妈，如果他们不会，你就先把他们教会。《道德经》第八十一章讲道：圣人不积，既以为人己愈有，既以与人己愈多。我们要善于分享。

第四种：投放法。投放法就是把任何一个数字密码投放到你所见所闻的任何一个事物上。比如，你看到一棵大树，可以想象从天而降一个巨大的精灵（90）；你看到一朵花，可以想象上面会冒出一只大山鸡（37）在打鸣；你见到一团草根，可以想象每一条草根都是扭动的蛇（44）；你看到湖面，可以想象湖面上突然火车（55）纵横来往；听到一只蚊子"嗡嗡"叫，可以想象它吹着一个超级大喇叭（68）。

这四种方法中，我觉得投放法是最神奇的，也是我自己经常使用的。利用这些方法可以把自己周围的世界变成一个奇幻的世界，仿佛置身于童话中一般。这种记忆方法可以极快速地提高你的想象力。

运用上面四种方法练习之后，一般来说这套数字密码就已经完全烂熟于心了，如果还有少量的密码总是记不住，我们可以把它定义成"顽固分子"。对于顽固分子我们要把它们单独拎出来进行重点攻破，可以对其进行加工甚至个别替换，相信这样处理之后就没有问题了。

对于初学者来说，这套密码已经完全足够，但对于那些有志于挑战世界脑力锦标赛的人来说却远远不够，这就需要更高的精度和区分度，有这方面疑问的读者欢迎跟我微信互动（微信号：943002592），或者发送邮件进行交流（邮箱名：943002592@qq.com）。

画重点

☆数字密码有三大规律：形象规律、谐音规律和逻辑规律。

☆数字密码用得最多的是谐音规律。

☆倒置法、绑定法、搭档法和投放法可以帮助我们加快背诵数字密码。

第3节　数字密码的超级应用

古希腊人曾经非常痴迷于数字的研究，毕达哥拉斯认为：数字支配着宇宙。意大利伟大的物理学家伽利略也曾说：自然界的书是用数学的语言写成的。

现在我们已经破译了一套数字密码，这到底有什么用呢？你可别小看它哦，它会给我们带来非常实际和非常广泛的用途。现在来举几个简单的例子。

运用一　记忆电话号码

假如有一天，你在一个陌生的地方迷了路，你的手机也丢失了，你一个亲人的电话号码都不记得，怎么办？

如果我们能把手机里一些重要人的电话号码烂熟于心就可以防患于未然，尤其是亲朋好友的电话号码。

比如：爷　爷：135 1867 3801

　　　奶　奶：136 3655 9429

　　　爸　爸：157 7707 3080

　　　妈　妈：189 7733 6063

　　　班主任：185 0128 6178

现在利用数字密码进行记忆。

第一步：进行密码转换（手机号码前面的"1"可以省略）。

爷爷：35（山虎）18（腰包）67（油漆）38（妇女）01（小树）

奶奶：36（山鹿）36（山鹿）55（火车）94（旧饰）29（二球）

爸爸：57（武器）77（机器人）07（令旗）30（三轮）80（巴黎塔）

妈妈：89（芭蕉）77（机器人）33（闪闪）60（榴莲）63（流沙）

班主任：85（宝物）01（小树）28（恶霸）61（儿童）78（青蛙）

第二步：运用前面学过的连锁故事法进行想象记忆。

1. 爷爷骑着一只威猛的山虎下山来，腰里别一个破腰包，手里高举一桶油漆泼向一个妇女，妇女吓得要命，赶紧爬到一棵小树上躲藏！

2. 奶奶嘿哟嘿哟地赶着两头毛茸茸的山鹿去撞火车，火车一歪出了轨，撞向一堆像山一样高的旧饰，里面冒出两个二球。

现在自己来练习一下：

3. 爸爸：

4. 妈妈：

5. 班主任：

接下来，你可以尝试从你的手机中选出10个重要人物的号码（或者QQ号），并做大胆夸张的想象训练。

挑战开始：

1. _____

2. _____

3. _____

4. _____

5. _____

6. _____

7. _____

8. _____

9. _____

10. _____

感觉怎么样？是不是很有成就感？

我曾经尝试过两个小时记下了手机中的200多个号码，当时我非常的激动。当然，要做到这一点需要更高级的方法，同时还需要一些不同寻常的策略。在这里我们不做深入探讨。对于初学者，一定要从最简单的入手，把简单的练到极致就不简单。

接下来我们进行大量的随机数字的练习。

16个随机数字：

5573859915430721

想象：

一辆冒着滚滚浓烟的火车撞上一个巨大的旋转着的气扇，气扇里飞出无数的宝物击中了舅舅，舅舅正兴高采烈地骑着一只五颜六色的巨大鹦鹉爬石山，石山上插满了令旗，令旗迎风招展，其中一面令旗背后隐藏着一只嘴巴在流血的凶猛鳄鱼！

回顾：

一辆冒着滚滚浓烟的火车撞上一个巨大的旋转着的什么？气扇！气扇里飞出无数的什么？宝物！宝物击中了谁？舅舅！舅舅正兴高采烈地骑着一只五颜六色的巨大的什么？鹦鹉！在爬什么？石山！石山上插满了迎风招展的什么？令旗！其中一面令旗背后隐藏着一只嘴巴在流血又凶猛的什么？鳄鱼！

当这一连串的画面能非常清晰地展现在我们脑海里的时候，我们就可以把相应的数字背下来了：5573859915430721。

令人惊奇的是：你还可以做到倒背如流！只要把相应的图像倒着回顾一遍就可以了：

鳄鱼藏在什么后面？令旗！令旗插在什么上面？石山！什么在爬石山？鹦鹉！谁骑着鹦鹉？舅舅！什么击中了舅舅？宝物！什么发出了宝物？气扇！什么撞到了气扇？火车！

像这样倒背回来也完全没有问题。

练习随机数字的步骤是：想象→回顾→正背→倒背。

有的人会问，为什么要倒背呢？

你会发现这样对你思维的训练更具冲击力，当你能够做到倒背时，正背就更容易了。

在我的训练营里，训练的形式和花样会更多，经过这样的训练之后，学员的注意力、想象力、记忆力、创造力、内感觉、灵敏度、反应速度等大脑思维能力都会得到巨大的提升。

现在，开始挑战吧！

[注：在做以下的练习时请准备一块秒表，会让你的注意力更集中，效果更好，记录每次的时间，争取一次比一次快。]

挑战练习1：倒背如流20个随机数字。

35282910493827593011

你的想象：_____

_____

挑战练习2：倒背如流26个随机数字。

58264920174927594038264833

你的想象：_____

_____

挑战练习3：倒背如流30个随机数字。

839285047281638492048274638251

你的想象：_____

_____

当你能够轻松地将30个数字倒背如流的时候，就可以去展现你的绝技了。可以让你的同学、老师、父母随机写一串数字（或者词语也可以），然后你就飞速秒记下来，相信所有的人一定会为你尖叫！

实践表明，有一个方法可以让你进步更快，那就是：去当别人的老师。你会发现，在这个过程中，你不但有更深刻的领会，身边还多了一大群好朋友。

接下来你可以逐步升级进行更大的挑战，我的一位学员学习了这个方法之后，马上行动，两个小时就将圆周率挑战到了1000位（见书的附录）。圆周率、随机数字、电话号码、车牌、门牌、身份证号、QQ号、重要学科数据等都可以作为练习的素材。

运用二 记忆三十六计

在浩瀚的华夏文明史中，闪烁着无数智慧的光芒，中国经典的三十六计谋略就是这部文明史中的瑰宝。下面就是三十六计的计名，你能否快速地把它装进你的大脑中？

古典三十六计

1. 瞒天过海	2. 围魏救赵	3. 借刀杀人	4. 以逸待劳
5. 趁火打劫	6. 声东击西	7. 无中生有	8. 暗度陈仓
9. 隔岸观火	10. 笑里藏刀	11. 李代桃僵	12. 顺手牵羊
13. 打草惊蛇	14. 借尸还魂	15. 调虎离山	16. 欲擒故纵
17. 抛砖引玉	18. 擒贼擒王	19. 釜底抽薪	20. 浑水摸鱼
21. 金蝉脱壳	22. 关门捉贼	23. 远交近攻	24. 假道伐虢
25. 偷梁换柱	26. 指桑骂槐	27. 假痴不癫	28. 上屋抽梯
29. 树上开花	30. 反客为主	31. 美人计	32. 空城计
33. 反间计	34. 苦肉计	35. 连环计	36. 走为上计

如果让你来记忆这个材料，你需要多长时间才能把它记下来呢？

有的人说需要两个小时，有的说半天都记不下来。如果没有方法的话，确实如此。

我们已经学习了数字密码记忆方法，运用这套数字密码来进行定位和想象，你会发现只需要短短的十几分钟就可以做到倒背如流，并且能随意地抽背。

以前10计为例：

1. 瞒天过海 2. 围魏救赵 3. 借刀杀人 4. 以逸待劳 5. 趁火打劫

6. 声东击西 7. 无中生有 8. 暗度陈仓 9. 隔岸观火 10. 笑里藏刀

先复习一下前10个数字密码：

1. 蜡烛　　　2. 鹅　　　3. 耳朵　　　4. 帆船　　　5. 钩子

6. 勺子　　　7. 镰刀　　8. 葫芦　　9. 口哨　　　10. 棒球

接下来要运用你的想象力，把数字密码跟计名进行联结。

1. 蜡烛——瞒天过海

想象：自己举着一根巨大的蜡烛，蜡烛放出滚滚的浓烟将整个天空都遮挡了起来，你趁着无人看见之际飞奔过海。

2. 鹅——围魏救赵

想象：一大群白花花的鹅，戴盔披甲，奔向魏国，把魏国团团围住，声称要救出赵王。

3. 耳朵——借刀杀人

有两个人打起架来，其中一个人借了一把刀要去杀对方，结果只砍掉对方的两只大耳朵。

4. 帆船——以逸待劳

想象：帆船上睡着一个懒鬼，什么事也不干，身上爬满了蚂蚁（"逸"谐音成"蚁"），只想等待别人请他才去劳动。

5. 钩子——趁火打劫

想象：你路过一家银行，银行着了火，所有人都在救火，你发现有一个蒙面人竟然趁着大火用一把钩子在偷偷地撬里面的保险柜。

6. 勺子——声东击西

想象：有一大群乞丐排着一条长龙，每人手里都拿着一个勺子和破碗，东敲敲西敲敲，逛完了东街逛西街，什么也没讨着，只招人讨厌。

7. 镰刀——无中生有

想象：镰刀用来割麦子，一割完，哗啦又长出了很多，不知道从哪里冒出来的！

8. 葫芦——暗度陈仓

想象：一个葫芦很神奇，它会按着肚子（暗度）走进一个陈旧的仓库！

9. 口哨——隔岸观火

想象：每次体育课，体育老师只做一项体育活动，那就是他吹响口哨把大家召集到一条大河岸边观看对面的大火。

10. 棒球——笑里藏刀

想象：你发现两个人在打棒球，打赢的那个人就哈哈大笑，他一笑嘴里竟然露出了一把刀。

前10计已经记完了。怎么样，是不是印象很深刻？现在来回顾一下，看看有记下来吗？

有的人有疑问：这样记会不会扭曲它原来的意思？

记忆真相是：确实会哦！

如果你是为记忆而记忆，只局限于它的表象，确实会造成一定的误解。所以我个人建议，接下来这本书中所有的练习，你最好是建立在理解的基础上来进行记忆会更好！不过这种夸张的想象记忆提供了一种非常好的训练思路，快速而又有趣。

那么，剩下的26计就交给你来练习吧！

11. 梯子——李代桃僵

想象：

12. 椅儿——顺手牵羊

想象：

13. 医生——打草惊蛇

想象：

14. 钥匙——借尸还魂

想象：

15. 鹦鹉——调虎离山

想象：

16. 石榴——欲擒故纵

想象：

17. 仪器——抛砖引玉

想象：

18. 腰包——擒贼擒王

想象：

19. 药酒——釜底抽薪

想象：

20. 香烟——浑水摸鱼

想象：

现在将第十一计到第二十计回顾一遍，看是否已经全部记下？模糊的地方再重点加深一下。继续练习记忆第二十一计到第三十六计。

21. 鳄鱼——金蝉脱壳

想象：

22. 双胞胎——关门捉贼

想象：

23. 和尚——远交近攻

想象：

24. 闹钟——假道伐虢

想象：

25. 二胡——偷梁换柱

想象：

26. 河流——指桑骂槐

想象：

27. 耳机——假痴不癫

想象：

28. 二霸——上屋抽梯

想象：

29. 二球——树上开花

想象：

30. 三轮——反客为主

想象：

31. 鲨鱼——美人计

想象：

32. 扇儿——空城计

想象：

33. 闪闪——反间计

想象：

34. 三丝——苦肉计

想象：

35. 山虎——连环计

想象：

36. 山鹿——走为上计

想象：

现在将第二十一计到第三十六计回顾一遍，看是否记下？模糊的地方再重点加深一下印象。

然后将第一计到第三十六计全部回顾一遍，看是否记下？模糊的地方再重点加深一下印象。

相信，现在三十六计在你的脑海中已经可以倒背如流了，来检验一下：

第二十二计是什么？

第十六计是什么？

第八计是什么？

第二十九计是什么？

抛砖引玉是第几计？

上屋抽梯是第几计？

有的人问，老师，记下了三十六计有什么用？碰到其他的我又不会记了。学习一定要把东西学活了，灵活演变，做到触类旁通、举一反三。

在这里三十六计只是一个模板，记下三十六计本身并不重要，重要的是记下三十六计的原理和方法。那么其原理和方法是什么呢？

是数字定位+联想！这才是背后的思维。

下面是中国古典十大名曲和中国古典十大名著，练习用41～60的数字密码来记忆。10分钟记忆开始：

41. 高山流水	42. 广陵散	43. 平沙落雁
44. 梅花三弄	45. 十面埋伏	46. 夕阳箫鼓
47. 渔樵问答	48. 胡笳十八拍	49. 汉宫秋月
50. 阳春白雪	51.《红楼梦》	52.《西游记》
53.《水浒传》	54.《三国演义》	55.《聊斋志异》
56.《喻世明言》	57.《警世通言》	58.《醒世恒言》
59.《初刻拍案惊奇》	60.《二刻拍案惊奇》	

怎么样，能够记忆下来吗？

勤加练习，你的记忆能力就会越来越强。

数字密码在学习、生活、工作中还有更广泛的运用，请用你那双善于发现的眼睛去挖掘它更大的威力和价值吧！

画重点

☆练习随机数字的步骤是想象——回顾——正背——倒背。

☆用记忆方法记忆文字材料会扭曲原来的意思，所以要在理解的基础上记忆。

☆能倒背如流三十六计并不重要，重要的是掌握数字定位+联想的思维。

Chapter 4

记忆精英都在用的记忆宫殿

第1节　记忆宫殿的来龙去脉

40秒记忆一副扑克。

1小时记忆1352张扑克。

1小时记忆2060个随机数字。

……

这是我在2011年世界脑力锦标赛上取得的战绩，为我们中国队夺得一金一铜。

除此之外，我曾经用几天时间记下了《道德经》《孙子兵法》《易经》《弟子规》等国学经典。

听起来似乎不可思议，但是，我要告诉你，你也可以创造这样的奇迹！

因为，在这一章里，我将要向你介绍世界上最顶尖记忆大师们最核心的秘密武器——记忆宫殿。

如果你也掌握了这种宫殿式的记忆方法，将会无限制地扩充你的记忆容量，你会发现，到时背诵一篇文章甚至一本书也不费吹灰之力。

接下来我们就开始吧！

在记忆界一直流传着这样一个古老的传说：

公元前515年，在一个名叫斯科帕斯的贵族宴会上，被称为"蜂蜜舌头"的古希腊最著名的抒情诗人西摩尼德斯作为来宾，吟诵了一首诗向主

人致敬，诗中有一段赞美了天神宙斯的双胞胎私生子卡斯特与波鲁克斯，即双子座的守护神。

斯科帕斯富有而高贵，却是一个非常不文明的人。他粗暴而且很小气地告诉西摩尼德斯，原先说好的吟诗酬劳他只能付一半，另一半应该去找那对双子神要去，因为他们在诗里受到了同等的赞扬。

不一会儿，有人通报，宴客厅外有两个年轻人要见西摩尼德斯。西摩尼德斯刚离开大殿，突然，"轰"的一声巨响，整个大殿被一股怪风吹塌了。所有客人全部被压死，个个血肉模糊残缺不全，来收尸的亲友都认不出谁是谁。西摩尼德斯成了唯一的幸存者。据说，他根据每个人所在的位置将所有的人一一还原出来，而当时参会的人多达2000人。

在经历了这一次的突发事件之后，诗人顿悟出了记忆术的原理，也因此顺理成章地成为记忆术的创始人。他从自己记得宾客在席上的座次而能认出尸体的事实领悟出，安排有序乃是牢固记忆的前提。

他推论，想要锻炼记忆能力的人必须选好场所，把自己要记住的事物构思成图像，再把这些图像存入一个固定位置，以便让位置的次序维系事物的次序。这些事物的图像会指明事物本身，我们便可分别取用位置和图像。

西摩尼德斯创立的方法叫位置记忆法，这种方法有两个主要特征，一是寻找位置，二是进行想象。

自西摩尼德斯开始，位置记忆法在古代欧洲开始流行，并在中世纪通过宗教思想家大阿尔伯特和托马斯·阿奎传承下来，至今已有2500多年的历史了。后来的罗马房间法、行程法、抽屉法、标签法、信息检索法等，都是根据这一方法引申出来的，原理和本质上是一样的。

文艺复兴时期，记忆术的倡导者把这样的记忆方法叫作"记忆宫殿"。

在欧洲，记忆宫殿一直作为一种记忆秘术在流传，只有天皇贵胄和高级的知识分子才有机会能学习到，而对民间是不予开放的，因为他们要让人们感觉到他们就是天权神授，拥有神奇的本领，以便于统治人民。

大约17世纪，一位名叫利玛窦的意大利传教士来到中国传教，人们被他渊博的学识所惊叹。同时，他最早为中国带来了这神奇的记忆秘术记忆宫殿。

记忆宫殿作为一种记忆秘术在欧洲流传，几经失传。到了近代，英国有位托尼·博赞先生，他因为思维导图的发明而享誉全球，并在全世界举办一年一度全球巡回的脑力锦标赛。

这个大赛的举办，使得全世界各国的脑力精英们得以尽情地交流和碰撞，记忆宫殿也因此而得以发扬光大，并弘扬到全世界。现在，记忆宫殿这种记忆方法经过专业的记忆大师和专家们优化后已经达到了登峰造极的境地。

接下来，我就带你慢慢地走进这座神奇的记忆宫殿。

画重点

☆记忆宫殿是最顶尖记忆精英高效快速记忆的秘密。

☆意大利传教士利玛窦最早为中国带来了记忆宫殿。

☆记忆宫殿的两个特征是寻找位置和进行想象。

第2节 手把手教你打造小型记忆宫殿

那么，到底什么是记忆宫殿呢？

从本质上来讲，记忆宫殿就是一套地点定位系统。

最简单、最微型的记忆宫殿就在我们自己身上。

现在，跟着我的节奏在你自己的身上按照顺序找出12个人体部位出来：

第一个：头　　　　　（摸摸自己的头部）

第二个：眼睛　　　　（擦擦自己的眼睛）

第三个：耳朵　　　　（耳朵像数字3）

第四个：鼻子　　　　（捏捏自己的鼻子）

第五个：嘴巴　　　　（噘一下嘴巴）

第六个：脖子　　　　（左三圈右三圈活动一下）

第七个：双手　　　　（张开双手像翅膀一样）

第八个：腹部　　　　（揉揉自己的腹部）

第九个：背部　　　　（弓一弓背）

第十个：大腿　　　　（美不美，看大腿）

第十一个：小腿　　　（踢一踢小腿）

第十二个：脚丫子　　（跺跺脚丫子）

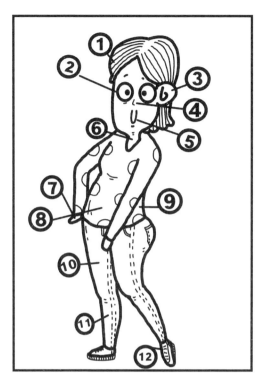

现在用两分钟时间，从头到脚、从脚到头把以上12个人体部位做到倒背如流，要能非常快速地反应出来。第七个是什么？第二个是什么？第十个是什么？腹部是第几个？

现在我们就来检验一下它的威力。

以下是12星座：

1. 白羊座	2. 金牛座	3. 双子座
4. 巨蟹座	5. 狮子座	6. 处女座
7. 天秤座	8. 天蝎座	9. 射手座
10. 摩羯座	11. 水瓶座	12. 双鱼座

运用我们前面学过的连锁故事法或数字密码都很容易记忆下来，这里我们用人体定位的方式来记忆。

1. 头部→白羊座

想象：你的头上卧着一只小白羊，在不停地啃你的头发。

2. 眼睛→金牛座

想象：你的眼睛一睁开，有两头金光闪闪的牛在你眼前飞来飞去。

3. 耳朵→双子座

想象：你的耳朵里有两个小天使钻过来钻过去地玩游戏。

4. 鼻子→巨蟹座

想象：回家自己做了一个大闸蟹，结果大闸蟹跳起来把你的鼻子给夹住了。

5. 嘴巴→狮子座

想象：你的嘴巴张开一声喊，如狮子咆哮，地动山摇。

6. 脖子→处女座

想象：你的脖子被处女座的女孩子狠狠地掐住了。

相信剩下的你完全可以发挥自己的想象力把它完成。

7. 双手→天秤座

想象：

8. 腹部→天蝎座

想象：

9. 背部→射手座

想象：

10. 大腿→摩羯座

想象：

11. 小腿→水瓶座

想象：

12. 脚丫子→双鱼座

想象：

感觉怎么样？你会发现运用人体定位法来记忆更简单更轻松。

人体定位法不仅可以用来记忆12星座，还可以用来对很多其他方面的材料进行记忆，比如一些临时性的重要事件、购物清单或一些会议纪要等。

如果我们想记忆更多的信息，只需要把人体定位的方法往外延伸，即可拓展到更大的空间。

请看下图：

1. 大狗	2. 窗帘	3. 椅子	4. 电脑	5. 花瓶
6. 床头	7. 小柜	8. 大柜	9. 靠垫	10. 床尾

现在闭上眼睛从头到尾再从尾到头回顾一遍，看是不是能很清楚地记下来，当这一点记完之后，再尝试记忆下面一串随机数字和词语：

55023781669228322144

魔法师　乌云　李白　火箭　土地爷　乔丹　大雪　鲸鱼　雷电　阿凡达

现在，我们把自己定义成一个超级大导演，再发挥无与伦比的想象力，在每一个地点，用非常夸张有趣的方式放上四个数字或者两个词语，然后把它们联结在一起：

1. 大狗→55　02

想象：一辆冒着滚滚浓烟的火车撞上大狗，大狗浑身都是铃铛，响个不停。

2. 窗帘→37　81

想象：掀开窗帘一看，发现有一只火红的山鸡在啄一大片白花花的白蚁。

3. 椅子→66　92

想象：一片黑乎乎的蝌蚪爬满了椅子，并爬到椅子上面一个滚动的球上。

4. 电脑→ 28　32

想象：电脑上出现了一个像黑旋风李逵一样的恶霸在练习拳击，打一把巨大的扇儿。

5. 花瓶→21　44

想象：花瓶里突然窜出一头凶猛的鳄鱼，咬住了一条黑白相间的巨大蟒蛇，蟒蛇在不停地扭动。

6. 床头→魔法师　乌云

想象：床头有一个魔法师口吐乌云，将整个床头都染黑了。

7. 小柜→李白　火箭

想象：李白抱着火箭从小柜底部向上冲破顶部钻出来。

8. 大柜→ 土地爷　乔丹

想象：从大柜旁冒出一个土地爷扛起乔丹塞进大柜中。

9. 靠垫→ 大雪　鲸鱼

想象：大雪纷纷落在靠垫上，凝固

成一头雪白的鲸鱼。

10. 床尾→雷电　阿凡达

想象：一道雷电劈破床尾，"啊"的一声，躲在下面的阿凡达被劈成了焦炭。

请你在大脑中再回顾一遍，看是不是印象非常深刻？

相信一遍你就完全记下来了！不仅如此，你还可以做到倒背如流，甚至抽背和点背。

请问第八个地点是什么？第三个地点是什么？鳄鱼出现在第几个地点？土地爷出现在第几个地点？

非常简单，每一组数字或词语你都能够很轻松地回忆出它所在的位置，通过所在位置你也能很轻松地想出它所对应的数字或词语。这就是记忆宫殿带来的好处，能够非常形象和直观地检索出你想要的信息。

那么，如果想记忆更多的东西怎么办呢？怎样才能建立起庞大的记忆宫殿呢？下一章节将为你讲解如何构建大规模的记忆宫殿。

画重点

☆人体是最简单最微型的记忆宫殿。

☆人体定位法可以用来记忆临时性的重要事情、购物清单或者会议纪要。

☆要记忆更多信息，需要建立庞大的记忆宫殿。

第3节　怎样构建大规模的记忆宫殿

一栋大楼要想建立起来，需要很多栋梁的支撑，同样，记忆宫殿要想建立起来，也需要很多这样的"栋梁"，类似上面讲到的"1. 大狗，2. 窗帘，3. 椅子……"这样的具体地点我们称之为"记忆桩子"。

一般来讲，30个记忆桩子为一组，如果一个记忆桩子记忆两个词语，转换成数字就是四个数字，一组30个记忆桩子就可以记忆120个数字；如果记三个词语也就是六个数字，总量就是180个数字……

30个记忆桩子为一组，可以建立一个小型的记忆宫殿，很多个这样的小型记忆宫殿就构成了庞大的记忆宫殿，就可以承载巨大的信息量！

据我所知，能达到世界记忆大师水准的人，大脑中最少要具备50个小型记忆宫殿，记忆桩子则在1500个以上。

我本人在备战2011年第二十届世界脑力锦标赛的时候，构建了65个小型记忆宫殿，记忆桩子达1950个，这完全是用来进行比赛用的，还不包括我以前用来背诵《道德经》《易经》《孙子兵法》等国学经典的记忆桩子。

记忆宫殿大概分为两种类型：第一种为区间型，比如房间、社区、学校、公园等；第二种为路线型，比如从家到学校的路段，从家到公司的路段，即在A→B路段上选择记忆桩子。

以下图为例，按照一定的顺序写出10个最显眼的物品作为记忆桩子。

图1：卧室

图2：儿童房

图3：卫生间

现在通过表格——把它们列出来：

卧室	儿童房	卫生间
1. 坐垫	1. 大狗	1. 浴巾A
2. 沙发	2. 窗帘	2. 浴巾B
3. 台灯杆	3. 椅子	3. 洗手台
4. 枕头	4. 电脑	4. 门把手
5. 台灯帽	5. 花瓶	5. 镜子
6. 窗架	6. 床头	6. 暖气
7. 窗帘	7. 小柜	7. 马桶
8. 石膏人	8. 大柜	8. 小水池
9. 电视柜	9. 坐垫	9. 水龙头
10. 地毯	10. 床尾	10. 浴缸

现在请你把最熟悉的家和学校里的摆设物品，也分别按照顺序作为记忆桩子写出来吧。

第一组，家：

1.	11.	21.
2.	12.	22.
3.	13.	23.
4.	14.	24.
5.	15.	25.
6.	16.	26.
7.	17.	27.
8.	18.	28.
9.	19.	29.
10.	20.	30.

第二组，学校：

1.	11.	21.
2.	12.	22.
3.	13.	23.
4.	14.	24.
5.	15.	25.
6.	16.	26.
7.	17.	27.
8.	18.	28.
9.	19.	29.
10.	20.	30.

写完之后，要在大脑中认真地回顾一遍，确保每一个记忆桩子都能清晰地呈现在大脑中。我们可以通过拍手的方式来回顾，以每次五秒来拍手一次，当一个记忆桩子能很清晰地浮现在大脑中时，就跳到下一个，依次进行，直至所有记忆桩子回顾完毕。

我们甚至可以闭上眼睛把自己想象成一个带着翅膀的小精灵，依次飞过每一个记忆桩子，认真地去触摸每一件物品，感受它们的温度和质地。

比如当你飞到台灯那里，台灯一下就变得非常亮，刺得眼睛都睁不开，而且还非常烫；当你飞到石膏人那里，石膏人就开始说话了，张着大嘴吐出白色粉末，你能感觉到他快要融化了，整个石膏人像稠乎乎的黏土；当你飞到浴缸里，哗啦一声，水龙头喷出水来，热腾腾的水将你全身浸湿……

开始时可能比较慢，多练习就会越来越快，最后所有的记忆桩子会闪电般飞过你的脑际。

当这些记忆桩子你都已经能够倒背如流了，就可以进行大量的练习。最好的练习素材就是随机数字和扑克牌。

一般一个记忆桩子记忆四个数字，30个记忆桩子就可以记忆120个数字，如果你能在三分钟内正确记忆120个随机数字，可以说你已经很接近世界级的水平了。

当你对这种记忆方式已经很有感觉了，就可以开始把你的小型记忆宫殿拓展到5个、10个、20个、30个……这样你就走在了记忆大师的路上。

画重点

☆区间型与路线型是记忆宫殿的两种不同类型。

☆世界记忆大师通常拥有50个小型记忆宫殿、1500个以上的记忆桩子。

☆随机数字和扑克牌是练习记忆宫殿最好的素材。

第4节　打造记忆宫殿的10个技巧

下面分享一些我个人的独特经验，希望能对你有所启发。

我有65个小型记忆宫殿，每个记忆宫殿有30个记忆桩子，共1950个，这在记忆大师的队伍中是不多见的，那么我是如何做到的呢？

要想建立起庞大的记忆宫殿，了解它的宏观轮廓和内部构造至关重要，这就需要运用一种非常重要的思维，叫作"战略思维"，还需要恢宏的想象力。

就像一场规模庞大的战争，作为一个统帅，必须要看清整个战场，才能更好地做精准的战略部署，绝不能深陷其中，只见树木不见森林。

我的65个小型记忆宫殿分布在五大区域，构成了五大宫殿群，分别是广西、深圳、湖北、北京、辽宁。

家乡广西宫殿群的内部构造分别是由自己的家、亲朋好友的家、小学初中高中的学校，以及村子中的路径构成，共有21组。

深圳是我曾经工作过的地方，宫殿群分别由公司及外面街道构成，共3组。

湖北是我训练的地方，宫殿群内部分别由宿舍、社区及经常步行的路径构成，共31组。

北京的宫殿群大部分集中在清华、北大各个大学及公园，共7组。

辽宁的宫殿群主要由教室和宿舍组成，共3组。

相信你已经有了构建记忆宫殿的宏观思路，现在介绍打造记忆宫殿的10个技巧。

技巧1：刚开始时，先选择自己熟悉的区域或路径。

技巧2：按照自己的生活习惯，依照顺序把地点、物品编上号码。

技巧3：编码顺序的方向一定要一致。

技巧4：记忆桩子的大小、距离尽量做到要平均、错落有致。

技巧5：记忆桩子要有一定的空间感，以实物为主，可有极少量的虚拟物。

技巧6：避免选择两个相似的地点，或相似的地点可以通过改装，拉开区分度。

技巧7：要选择永久性的地点，不要选择经常移动位置的物品作为记忆桩子。

技巧8：所选地点光线不能太暗，暗的地方可以想象加上灯或光线。

技巧9：每一个图像发生联结时都要能在脑海中轻松浮现其情景，越详细越好。

技巧10：达到一定的熟悉程度后，回想记忆桩子的速度至少要做到每秒两个。

按照以上各点选出了合适的记忆桩子后，每一个桩子一定要经过认真地练习，然后要不断地优化，不可想当然地认为选好就可以了，只有优化好每一个记忆桩子，确保它的可靠性，才能建立起牢固的记忆宫殿。

当记忆宫殿建立起来后，说不定你还会产生苦恼，到时想忘都忘不掉，怎么办？

可喜的是，运用记忆宫殿这种记忆方法是绝不会发生这种情况的。它的神奇之处在于，你不想忘的话可牢记一辈子，想忘的话转身就忘！

你想知道如何更好地遗忘吗？消除记忆的方法主要有以下三种：

第一种：自然遗忘。

再优秀的大脑都会发生自然的遗忘，无一例外，所有人都一样，因为这是自然的规律和法则，只要不去复习它。

有的人说，我也想忘啊，有时就是时不时地想起来。其实这样就是做了复习和加强，怎么能忘掉？比如，有的人失恋了，很痛苦，想忘记，却一遍又一遍地回想，反而加深了印象，让自己更痛苦。

如果想忘记，只要转移注意力，不去复习，随着时间流逝自然而然就会遗忘。

第二种：信息干扰法。

不同的信息之间会造成干扰。比如，同一组记忆桩子，如果记了数字印象比较深刻，想消除它，那么就可以记忆一些词语，或者单词，或者抽象图形等其他信息，后来的信息与先前的信息就会互相干扰，两者一"冲突"，印象就模糊了，很快就会遗忘掉。

第三种：想象消除法。

我曾经请教过袁文魁老师，当一组记忆桩子上有其他图像的时候怎样才能消除呢？他告诉我可以想象一股巨大的洪水将其全部冲刷掉，或者一把大火将其全部烧毁。这个方法还是比较好用的，你可以试试。在2011年世界脑力锦标赛上，因为我要记忆马拉松数字和马拉松扑克，这两个项目需要占用大量的记忆桩子，我不得不重复调用一些记忆桩子。当时，我就想象出一架喷雾式飞机沿着记忆桩子的路径喷洒云雾，这些云雾会包裹并消融掉原来的图像，实践证明，效果非常好。

以上就是消除记忆的方法，对你有启发吗？

画重点

☆选择记忆桩子要掌握10项技巧。

☆选好记忆桩子后还要进行优化，以确保它们的可靠性。

☆自然遗忘、信息干扰法、想象消除法是消除记忆的三种方法。

第5节　记忆宫殿让古文天书无限量存进你的大脑

19秒记忆一副扑克。

五分钟记忆520个随机数字。

记忆电话号码15000个。

记忆圆周率83000位数字。

记忆1774页牛津高阶词典。

记忆佛经16000页。

……

上面这些令人咋舌的世界吉尼斯纪录到底是如何创造的呢？

毋庸置疑，他们都运用了世界上最先进的记忆方法——记忆宫殿。

对于普通读者来说，不需要去挑战世界纪录，但里面的一些记忆原理和方法，却是可以通用的，比如说背诵一些我们喜欢的文章或经典书籍。

篇幅所限，我们以《春江花月夜》为例。

春江花月夜

唐·张若虚

1. 春江潮水连海平，海上明月共潮生。

2. 滟滟随波千万里，何处春江无月明！

3. 江流宛转绕芳甸，月照花林皆似霰。

4. 空里流霜不觉飞，汀上白沙看不见。

5. 江天一色无纤尘，皎皎空中孤月轮。

6. 江畔何人初见月？江月何年初照人？

7. 人生代代无穷已，江月年年只相似。

8. 不知江月待何人，但见长江送流水。

9. 白云一片去悠悠，青枫浦上不胜愁。

10. 谁家今夜扁舟子？何处相思明月楼？

11. 可怜楼上月徘徊，应照离人妆镜台。

12. 玉户帘中卷不去，捣衣砧上拂还来。

13. 此时相望不相闻，愿逐月华流照君。

14. 鸿雁长飞光不度，鱼龙潜跃水成文。

15. 昨夜闲潭梦落花，可怜春半不还家。

16. 江水流春去欲尽，江潭落月复西斜。

17. 斜月沉沉藏海雾，碣石潇湘无限路。

18. 不知乘月几人归，落月摇情满江树。

对于这篇文章，我们死记硬背也能背下来，不过很困难。现在我们尝试用记忆宫殿来记忆。

记忆文章的步骤：

第一步：通读。

通读整篇文章（最好在六遍以上），了解大概意思及文章思路脉络，如果能了解有关作者和文章的相关背景知识会更好！

第二步：定位。

通读后根据文章来确定记忆策略，到底是连锁故事法、数字密码法，还是思维导图分析法、记忆宫殿定位法。这里我们采用记忆宫殿来记忆。

这篇诗文有18句，如果我们一个记忆桩子记忆一句的话，需要18个记忆桩子。先准备好下面两幅图：

图1：卧室

记忆桩子：

1. 帽子　　2. 衣柜　　3. 录音机　　4. 小书柜　　5. 床头柜

6. 小凳子　7. 足球　　8. 桌子　　9. 铁床头　　10. 壁画

在记忆文章的时候，我们要把自己定义成一个编剧，文章则是我们的剧本，每一个记忆桩子就是我们要编剧的场地，用我们的想象力把它导演出来。例如：

1. 帽子——春江潮水连海平，海上明月共潮生。

想象：帽子里源源不绝地涌出一股滔滔的春江水一下子变成了一个海平面，海上还升起一轮明亮的月亮。

2. 衣柜——滟滟随波千万里，何处春江无月明!

想象：打开衣柜一看，里面的波涛奔腾而出，一泻千万里，到处都是江水和月亮。

3. 录音机——江流宛转绕芳甸，月照花林皆似霰。

想象：录音机里面有一条江流在不停地打转，还有一束月光照着一朵花，非常美丽。

4. 小书柜——空里流霜不觉飞，汀上白沙看不见。

想象：小书柜中有很多流动的霜飞来飞去，有些白沙若隐若现。

5. 床头柜——江天一色无纤尘，皎皎空中孤月轮。

想象：床头柜中江天一色，显得干干净净，从中冒出一个像车轮那么大的月亮。

6. 小凳子——江畔何人初见月？江月何年初照人？

想象：小凳子下面有一条江，江畔站着一个小人儿，人望着江月，江月映照着人。

7. 足球——人生代代无穷已，江月年年只相似。

想象：足球的一边生出无数个小人儿，另一边生出无数个一模一样的月亮。

8. 桌子——不知江月待何人，但见长江送流水。

想象：桌子上站着一个人，他望着桌面上的一条长江滔滔东去。

9. 铁床头——白云一片去悠悠，青枫浦上不胜愁。

想象：铁床头中生出一片白云悠悠，落下的枫叶盖住了一个愁容满面的人。

10. 壁画——谁家今夜扁舟子？何处相思明月楼？

想象：壁画上出现了一叶扁舟，上面载着一个相思的人，撞上了一栋月光照耀的小楼！

图2：厨房

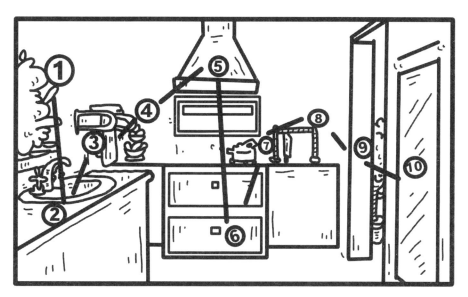

记忆桩子：

1. 花盆　　2. 洗菜池　　3. 毛巾　　4. 水果　　5. 油烟机

6. 抽屉　　7. 水壶　　8. 刀架　　9. 小树　　10. 门

剩下的部分自己练习一下吧：

1. 花盆——可怜楼上月徘徊，应照离人妆镜台。

想象：

2. 洗菜池——玉户帘中卷不去，捣衣砧上拂还来。

想象：

3. 毛巾——此时相望不相闻，愿逐月华流照君。

想象：

4. 水果——鸿雁长飞光不度，鱼龙潜跃水成文。

想象：

5. 油烟机——昨夜闲潭梦落花，可怜春半不还家。

想象：

6. 抽屉——江水流春去欲尽，江潭落月复西斜。

想象：

7. 水壶——斜月沉沉藏海雾，碣石潇湘无限路。

想象：

8. 刀架——不知乘月几人归，落月摇情满江树。

想象：

怎么样，是不是感觉很爽？再从头到尾回顾几遍，画面越清晰越好。
并尝试逐句倒背、任意抽背、点背。

接下来，你可以按照同样的方式尝试挑战背诵下面这篇经典文章。

长恨歌

唐·白居易

1. 汉皇重色思倾国，御宇多年求不得。

2. 杨家有女初长成，养在深闺人未识。

3. 天生丽质难自弃，一朝选在君王侧。

4. 回眸一笑百媚生，六宫粉黛无颜色。

5. 春寒赐浴华清池，温泉水滑洗凝脂。

6. 侍儿扶起娇无力，始是新承恩泽时。

7. 云鬓花颜金步摇，芙蓉帐暖度春宵。

8. 春宵苦短日高起，从此君王不早朝。

9. 承欢侍宴无闲暇，春从春游夜专夜。

10. 后宫佳丽三千人，三千宠爱在一身。

11. 金屋妆成娇侍夜，玉楼宴罢醉和春。

12. 姊妹弟兄皆列土，可怜光彩生门户。

13. 遂令天下父母心，不重生男重生女。

14. 骊宫高处入青云，仙乐风飘处处闻。

15. 缓歌慢舞凝丝竹，尽日君王看不足。

16. 渔阳鼙鼓动地来，惊破霓裳羽衣曲。

17. 九重城阙烟尘生，千乘万骑西南行。

18. 翠华摇摇行复止，西出都门百余里。

19. 六军不发无奈何，宛转蛾眉马前死。

20. 花钿委地无人收，翠翘金雀玉搔头。

21. 君王掩面救不得，回看血泪相和流。

22. 黄埃散漫风萧索，云栈萦纡登剑阁。

23. 峨眉山下少人行，旌旗无光日色薄。

24. 蜀江水碧蜀山青，圣主朝朝暮暮情。

25. 行宫见月伤心色，夜雨闻铃肠断声。

26. 天旋地转回龙驭，到此踌躇不能去。

27. 马嵬坡下泥土中，不见玉颜空死处。

28. 君臣相顾尽沾衣，东望都门信马归。

29. 归来池苑皆依旧，太液芙蓉未央柳。

30. 芙蓉如面柳如眉，对此如何不泪垂。

31. 春风桃李花开日，秋雨梧桐叶落时。

32. 西宫南内多秋草，落叶满阶红不扫。

33. 梨园弟子白发新，椒房阿监青娥老。

34. 夕殿萤飞思悄然，孤灯挑尽未成眠。

35. 迟迟钟鼓初长夜，耿耿星河欲曙天。

36. 鸳鸯瓦冷霜华重，翡翠衾寒谁与共。

37. 悠悠生死别经年，魂魄不曾来入梦。

38. 临邛道士鸿都客，能以精诚致魂魄。

39. 为感君王辗转思，遂教方士殷勤觅。

40. 排空驭气奔如电，升天入地求之遍。

41. 上穷碧落下黄泉，两处茫茫皆不见。

42. 忽闻海上有仙山，山在虚无缥缈间。

43. 楼阁玲珑五云起，其中绰约多仙子。

44. 中有一人字太真，雪肤花貌参差是。

45. 金阙西厢叩玉扃，转教小玉报双成。

46. 闻道汉家天子使，九华帐里梦魂惊。

47. 揽衣推枕起徘徊，珠箔银屏迤逦开。

48. 云鬓半偏新睡觉，花冠不整下堂来。

49. 风吹仙袂飘飘举，犹似霓裳羽衣舞。

50. 玉容寂寞泪阑干，梨花一枝春带雨。

51. 含情凝睇谢君王，一别音容两渺茫。

52. 昭阳殿里恩爱绝，蓬莱宫中日月长。

53. 回头下望人寰处，不见长安见尘雾。

54. 惟将旧物表深情，钿合金钗寄将去。

55. 钗留一股合一扇，钗擘黄金合分钿。

56. 但教心似金钿坚，天上人间会相见。

57. 临别殷勤重寄词，词中有誓两心知。

58. 七月七日长生殿，夜半无人私语时。

59. 在天愿作比翼鸟，在地愿为连理枝。

60. 天长地久有时尽，此恨绵绵无绝期。

这篇诗文用记忆宫殿能很轻松地背诵下来，要点在于：把自己定义成一位编剧，文章即是你的剧本，根据剧本将想象出的图像或情景逐次定位在记忆桩子上。

当文章能很轻松地搞定了，就可以去挑战背诵整本书，只需要增加你的记忆桩子即可。推荐可以从《弟子规》《道德经》开始记忆。

不过，个人建议，记忆宫殿只是一个工具，对于经典的书籍和文章不建议大用特用，尽量通过熟读成诵的方式来背诵，这样可以进入潜意识中。所以，背诵经典的文章和书籍时，运用记忆宫殿时要把握一个原则，即以尽可能少的记忆桩子记忆尽可能多的内容。

如果一句话定位一个桩子，这样就会把原文分解得支离破碎，甚至造成对原文的曲解。所以，要以少记多，一个桩子能记忆的就不用两个，两个桩子能记忆的就不用三个……当你通过记忆宫殿的方式记下来之后，就大量地熟读，直到最后能够脱离记忆桩子。

当然，背诵一整本书，可以说是一个不小的工程，不仅要考验你的技术、策略，同时还考验你的意志力、耐力、勇气等。对于一个渴望挑战自我、超越自我的人来说，这些都是必备的品质。

画重点

☆记忆界的吉尼斯纪录都是运用记忆宫殿创造的。

☆文章的记忆步骤是先通读后定位。

☆背诵经典的文章和书籍时，要以尽可能少的记忆桩子记忆尽可能多的内容。

第6节 记忆宫殿的神奇拓展

记忆宫殿，从本质上来说就是一套图像定位系统。图像定位系统就是在大脑中建立一套固定、有序的定位系统，在记忆新知识的时候，通过联想和想象，把知识按顺序储存在与其相对应的定位元素上，从而实现快速记忆、快速保存和快速提取的方法。

理解了记忆宫殿的定义，并满足了"熟悉""有序"这两个原则后，我们就可以自行构建一系列的定位系统，比如：

数字：1、2、3、4、5、6……

地点：家、学校、公园、公司、街道、社区……

人物：爷爷、奶奶、爸爸、妈妈、哥哥、姐姐……

身体：头、眼睛、耳朵……

生肖：鼠、牛、虎、兔、龙……

字母：A、B、C、D……

除了以上的定位系统，还可以演化出熟语定位系统，甚至是万事万物定位系统。

那么，什么是熟语定位系统呢？

其实，文字也可以作为记忆桩子，常见的熟语对我们来说不仅熟悉，而且有其内在的顺序。举例说明如下：

例1：记忆历史题中"商鞅变法"的主要内容。

一、废井田，开阡陌

二、奖励军功

三、建立县制

四、奖励耕织

我们可以直接用"商鞅变法"四个字作为记忆桩子，于是就变成了：

商——废井田，开阡陌

鞅——奖励军功

变——建立县制

法——奖励耕织

然后只需要做"西瓜——可乐"式的基本联想就可以了。

具体联结过程如下：

商——废井田，开阡陌

想象：大家一起商量一下要不要废掉"井"字形的田，再开一千亩大沙漠。

鞅——奖励军功

想象：军队打了胜仗，每人赏一只羊（"鞅"谐音成"羊"），大家同欢！

变——建立县制

想象：地图上开始发生变化，变出一个个县城、乡村的图像。

法——奖励耕织

想象：耕田织布最好的人奖励一幅画（"法"谐音成"画"）。

例2：记忆影响气候的主要因素：洋流、海陆分布、大气环流、纬度。

我们可借助"春夏秋冬"一词语来与之分别联想。即：

春——洋流

夏——海陆分布

秋——大气环流

冬——纬度

具体联结过程如下：

春——洋流

想象：春天因为下雨多，所以会有大量的雨水汇集造成洋流。

夏——海陆分布

想象：夏天太阳一照，海水晒干了，陆地显现出来，海陆非常分明。

秋——大气环流

想象：秋天落叶飘飘，随着大气不断地打着环流。

冬——纬度

想象：冬天下的雪花变成一条条巨大的雪白的纬度线。

此外，还有很多我们熟悉的诗句、短语、歇后语都可以提炼出来，比如：白日依山尽，黄河入海流；床前明月光，疑是地上霜，举头望明月，低头思故乡；落霞与孤鹜齐飞，秋水共长天一色；人之初，性本善；猪八戒背媳妇……

这些都可以作为熟语定位系统的文字桩，文字桩用来记忆填空题、选择题、简答题有着独到的优势。我们可以直接把题目跟内容进行联结绑定！

练习：

1. 记忆中国四大盆地。

塔里木盆地、准格尔盆地、柴达木盆地、四川盆地

_____

_____

2. 记忆中国四大火炉。

武汉、南京、重庆、南昌

_____

_____

3. 记忆中国历史上的五大古都。

西安、洛阳、开封、南京、北京

_____

_____

4. 记忆世界四大洋七大洲。

四大洋：太平洋、大西洋、印度洋、北冰洋

七大洲：亚洲、非洲、南极洲、南美洲、北美洲、欧洲、大洋洲

___

那么，什么是万事万物定位系统呢？

这个世界是既矛盾又统一的，有大就有小，有长就有短，有白就有黑，有高就有矮，有好就有坏，如果我们把一方作为桩子，另一方就可以跟它绑定。从这个意义上来说，只要一个事物存在，它就已经被另一个事物定位了，我们只需要去找到与之对应的关系即可。

比如天山雪莲，请问雪莲是长在哪里的？不是泰山，不是高山，不是华山，不是其他什么山，一定是天山，因为它们是对应的，或者说定位的。

所以，万事万物都可以被定位，只要你善于观察，善于思考，循着这个思路，你就会有更大的想象力，找到无穷的定位系统。

画重点

☆图像定位法能够帮助你快速记忆、快速保存和快速提取信息。

☆图像定位法的关键是熟悉和有序。

☆只要你善于观察和思考，万事万物都可以被定位。

Chapter 5

快速扑克记忆

第1节 扑克牌是提高记忆好工具

你想成为真正的记忆高手吗？

你想拥有过目不忘的超强记忆力吗？

这一章将要向你介绍世界记忆大师们的一项"绝世武功"——快速扑克记忆。

前面讲过，任何一位世界记忆大师都要经过五项非常重要的基本训练，分别是：数字练习、扑克练习、词语练习、句子练习、文章练习。

经过研究发现，没有经过这五项系统性基本训练的人，收效都甚微。

为什么要练习扑克牌呢？练习扑克牌能提升我们的记忆力吗？

如果我们想让自己的身体变得更强壮，我们会去举杠提重，借助一些健身工具。那么如何锻炼我们的大脑记忆力呢？

扑克牌就是一个非常好的工具！它有形，可以非常方便地拿在手里，任意洗乱之后就会拥有新的组合，可以组合成无穷个新奇的世界。

如果你想防止大脑衰老，是不是要保持大脑的活力？

如果你希望在一个领域里有所成就，是不是需要很强的专注力？

如果你喜欢写作，喜欢发明，喜欢科学和艺术，是不是需要丰富的想象力和创造力？

这些通过扑克牌的练习都可以帮你实现！

因为扑克练习的过程中，充分锻炼了这些大脑综合的潜在能力！

大约在30年前，科学家预言，人不可能在三分钟内记住一副打乱的扑克牌，然而随着世界脑力锦标赛的举办，优秀的记忆选手不断涌现，这个预言被不断地打破。经过大量的练习，很多选手都可以做到30秒记忆一副打乱的扑克牌。

《最强大脑》的选手王峰，也是我2011年参加世界脑力锦标赛的指导老师之一，已经将这一纪录提高到了19秒。达到这个速度，可以说思维就已经进入了一种自由的境界，就像武侠小说中的"大侠"一样来去自如，对任何东西都能快速破译和记忆。

画重点

☆任何一位世界记忆大师都要经过数字练习、扑克练习、词语练习、句子练习和文章练习这五项重要的基本训练。

☆扑克牌可以提高你的记忆力、专注力、想象力和创造力。

☆经过大量的训练，你也可以在30秒内记忆一幅打乱的扑克牌。

第2节　世界级扑克牌绝密训练方法

那么，到底扑克牌是如何提高记忆力的呢？

接下来将悄悄向你透露世界顶级记忆大师们在私底下独自运用的绝密训练方法！

首先要准备好两样工具：秒表和记录本。

秒表可以帮助你集中注意力，并知道每次记忆所用的时间以便超越；记录本是要记录自己每次的成绩、错误的修正以及练习的心得。

记忆一副扑克牌，从原理上来说，其实非常简单，只需要两个步骤：

第一步：编码。

什么叫编码呢？就是将每一张扑克转化成一个固定的图像。编码的方式，业界有很多种，但绝大部分人的编码方式是不科学的。不科学的编码会形成技术障碍，正因如此，有的人练习到一定速度就再也突破不了！就好像自行车无论速度多快都永远赶不上摩托车！

在这里提供一种经过实践检验的比较科学的编码方式，也是我本人和诸位顶尖世界记忆大师们的编码方式，那就是将每一张扑克牌完全跟数字密码结合起来，如下：

	黑桃 ♠	红桃 ♥	梅花 ♣	方块 ♦
A	11	21	31	41
2	12	22	32	42
3	13	23	33	43
4	14	24	34	44
5	15	25	35	45
6	16	26	36	46
7	17	27	37	47
8	18	28	38	48
9	19	29	39	49
10	10	20	30	40
J	51	52	53	54
Q	61	62	63	64
K	71	72	73	74

黑桃用数字"10～19"来编码；

红桃用数字"20～29"来编码；

梅花用数字"30～39"来编码；

方块用数字"40～49"来编码；

"J"用数字"51～54"来编码；

"Q"用数字"61～64"来编码；

"K"用数字"71～74"来编码；

"大王""小王"可以用"80""90"来编码，或其余的数字都可以。

有的人将"JQK"用四大美女、四大天王或西游记师徒四人等著名人物来编码，其实这样不太科学。为什么呢？因为，人物在我们头脑中的区分度并不清晰，在飞速记忆的情况下，根本分不清谁是谁，甚至一只大公鸡和一只鹦鹉都是分不清的！这就是有些人用人物进行编码无法提速的原因。

所以，编码中建议少用人物，全部用数字编码，有两大好处：

第一，全部用数字编码非常系统。

第二，练习扑克就等于练习了数字，双重训练。

当编码确定好了之后，接下来就要练习基本功，包括读牌和联牌。

什么叫读牌呢？读牌就是把牌打乱之后，每看到一张牌都能快速地反应出它对应的数字，进一步能反应出相应的图像，直至快到一瞬间就能将图像活灵活现地从牌里反应出来。

比如看到"梅花5"，立刻反应出是"35"，一只老虎朝你扑面而来；看到"方块4"，立刻反应出是"44"，一条蛇猛扑过来一下将你的脖子狠狠地缠住……

开始读牌的时候，会情不自禁地发出声音，练习一个月到一个半月的时间之后，这一现象才会慢慢消失。音读现象消失之后说明你的速度已经相当快了。要做到看到扑克就能立刻反应出数字和图像，看到数字和图像同样能立刻反应出扑克。

什么叫联牌呢？联牌就是把扑克的图像进行两两相联，一对一对地联结在一起，然后翻开一张看能不能想起另一张，如果能，就说明联结方式是有效的，如果不能就说明联结的方式是无效的，用本子记录下来反复琢磨。

比如，"红桃7"与"黑桃5"，"梅花3"与"红桃6"……一个巨大的耳机夹住了一只活蹦乱跳的鹦鹉，一道银白色的闪电把河流劈成两半……盖住"红桃7"是否能想起鹦鹉（黑桃5），盖住"梅花3"是否能想起河流（红桃6）……两两相联，或者三三相联，四四相联……

读牌和联牌都是基本功，将直接决定记牌的速度！所以，一定要下功夫，大量地疯狂地练习。

第二步：定位。

这就要用上你准备好的记忆宫殿，把每两张扑克绑定在一个记忆桩子上，一副扑克牌只需要27个记忆桩子就可以完全记忆下来。

有的人会问，一张牌一个桩子，或者三张、四张牌一个桩子可不可以呢？当然可以了，这并没有对错之分！一般来讲，两张牌放在一个记忆桩子上是最好的，世界纪录就是这样创造出来的，所以我们只要循着前人的脚步，把简单的练到极致。

仍以下图为例：

1. 大狗　　2. 窗帘　　3. 椅子　　4. 电脑　　5. 花瓶

6. 床头　　7. 小柜　　8. 大柜　　9. 靠垫　　10. 床尾

要记忆的扑克牌是：

红桃6　红桃9　梅花3　方块8　方块4　黑桃6　梅花8　梅花J

红桃8　黑桃10　黑桃7　红桃10　方块A　方块3　红桃Q　黑桃5

方块9　梅花4　　梅花5　　方块K

对应的数字密码分别是：

26　29、33　48、44　16、38　53、28　10、17　20、41、43　62　15、

49　34、35　74

这就回归到本书前面介绍的记忆数字的部分了，你只需要一个小型的记忆宫殿就可以将一副扑克做到倒背如流了。

为了检验你记忆的准确性，可以用另外一副扑克把它复原出来。

通过大量的练习，你记忆的速度就会越来越快！与此同时，你的注意力、想象力、创造力、反应速度也会有巨大的提升。

值得提醒的是，扑克牌的编码和记忆桩子是一个不断优化的过程，随着练习的增加，你会发现暴露出这样或那样的问题都是很正常的，只需要不断地去修正调整即可。从训练开始直到比赛的当天，我的编码和桩子都一直处在优化和微调之中。达到极致的编码和桩子已经完全与之前的不同，可以说与原来的模样已经天差地别了。不过对于初学者来说，这套编码已经足够用了。

画重点

☆记忆一幅扑克牌，从原理上说只需要两个步骤：编码和定位。

☆扑克牌记忆中编码要少用人物，尽量全部用数字编码。

☆读牌和联牌是扑克牌记忆练习的基本功。

Chapter 6

高效记忆法的实践运用

第1节　学习运用之英语单词

学习了这样的高效记忆方法，到底能给我们的学习和生活方面带来哪些实际的帮助呢？我们一起来看看！

通过前面对记忆术的介绍和训练可以知道，万事万物都有记忆的方法，英语单词也不例外。那么，英语单词如何来记忆呢？

一般人只会死记硬背，我在学生时代也是这样的，后来在记忆练习中，我总结了一个规律：关键是要学会把记忆的原理进行迁移——也就是联想，用熟悉的知识代替陌生的知识去记忆。举几个简单的例子：

gloom［**glu:m**］忧郁

这个单词按照我们以前的方法来记忆，是"g-l-o-o-m——忧郁"，然后就像念经一样不停地念叨！以这种方式，我们要记忆五个字母加其单词含义，一共是六个记忆的元素！

现在我们通过所学的记忆法来记忆。先来观察单词，"gloo"像数字"9100"，"m"可以是数学计量单位"米"，加上单词含义"忧郁"，就变成了三个记忆的元素，从量上就降低了难度！再用我们的想象力构造出一幅生动的画面，一下就记住了！例如：

gloom［**glu:m**］忧郁

拆分：9100+米　忧郁

想象：体育老师让你马上去跑9100米，立马让人感觉很忧郁。

zoom［**zu:m**］急剧上升

拆分：200+米

想象：火箭一瞬间急剧上升200米。

change［**tʃeindʒ**］改变

拆分：chang（嫦）+e（娥）

想象：嫦娥改变了对猪的看法。

bamboo［**bæm'bu:**］竹子

拆分：ba（爸）+m（妈）+boo（600）

想象：爸爸妈妈分别踩了600米高的高跷来比赛。

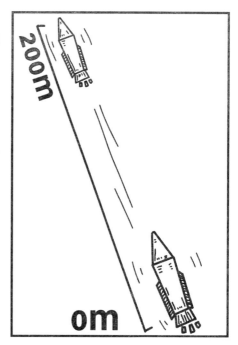

educate ['edʒukeit] 教育

拆分：e（鹅）+du（堵）+cat（猫）+e（鹅）

想象：前后两只鹅堵住了一只猫，要好好地教育它。

capacity [kə'pæsəti] 容量、能力

拆分：cap（帽子）+a（一个）+city（城市）

想象：一个神奇的巨大的帽子盖住了一座城市，说明这个帽子容量大能力强。

spark［spɑːk］火花

拆分：s（蛇）+park（公园）

想象：一条巨大的蛇在公园里吐火花。

candidate［kændidət］候选人

拆分：can（能）+did（做）+ate（吃）

想象：总统身后跟着一个能做又能吃的人，他就是候选人。

heir［er］继承人

拆分：hei（黑）+r（人）

想象：黑人的继承人还是黑人（一系列的黑人）。

bandage［'bændidʒ］绷带，包带

拆分：ban（绊）+da（大）+ge（哥）

想象：用绷带把大哥绊倒，再用包带把他包扎起来。

相信以上的一些例子已经给了你一些灵感和启发，从理论上讲任何一个单词都可以进行拆分加联想的方式来进行有效的记忆，只要你善于观察和思考。

记忆个别的单词靠技巧就可以，但如果你想记忆大量的单词，比方说你想用半天的时间把一个学期的单词记住，这就需要系统和策略。

黄金策略一　定时定量

准备好一块秒表，定下需要记忆的单词总量，同时评估出时间总量，比如接下来的两天要记忆500个单词，那么这两天就要排除一切干扰，集中注意力，

重点突破。然后进行目标分解，每天记忆250个，每半天记忆125个，半天按四小时计算，平均每小时记忆30个，掌握了方法之后这个目标是非常容易完成的。所以明确目标，定时定量，就相当于完成了一半。

黄金策略二　不拘于细节

在记忆大量单词的时候，要注重大局，不要被个别的细节打乱节奏。就像打一场大战，要看清整个战局，一旦拿下大局，从心理上来说感觉就不一样了，然后再逐步肃清个别的顽固分子。

黄金策略三　三度策略

一是速度，以最快的速度拿下大局，获得心理上的制胜。

二是准确度，第一遍攻下之后，进行信息核对检验，对模糊的、错误的、有误差的地方进行优化和修正。

三是精度，经过前面几轮的突击之后，对残余的顽固分子，需要提出来进行单独的重点攻破！

这三度策略也是我在背诵《道德经》的实践过程中总结出来的。记住：没有人能够一次性就做到精确无误，都需要反复的修正和优化。

黄金策略四　高频率反复背诵

研究发现，人的大脑更适合大量的快速的记忆。与其用五分钟记忆一个单词，不如分10次记忆，每次只用半分钟，结果表明，后者记忆的效果更深刻更持久。掌握了好的方法，仍然需要复习，最好是按照遗忘规律来进行科学的复习。

黄金策略五　活记活用

我们不仅要灵活地记忆单词，更重要的是活学活用。单独地记忆单词是不够的，还要还原到句子中、文章中，最好是能还原到生活的情景中，这样记忆会更深刻、更持久。

接下来设定你的目标，开始你的单词攻破之旅吧！

画重点

☆准确高效的记忆需要反复的修正和优化。

☆短期记忆海量单词要注意五大黄金策略。

☆单词记忆要以效果为中心，效果好的方法就是好方法。

第2节　学习运用之历史事件

对于一些重要的历史事件，主要包括两大部分：时间和事件。考试的时候令人头疼的是：知道事件想不起时间，或者给出时间，又记不起具体事件。

现在我们来看看如何记忆历史事件：

1. 1069年　　　　　　王安石变法

2. 公元前221年　　　　秦始皇统一中国

3. 208年　　　　　　　赤壁之战

4. 1368年　　　　　　朱元璋建立明朝

5. 1405年　　　　　　郑和下西洋

6. 1941年12月7日　　珍珠港事件

记忆：

1. "10"和"69"分别是"棒球"和"太极"，王安石先生变法的时候是怎么变的呢？非常悠闲，拿着棒球打着太极就完成啦。

2. "221"拆分成"22"和"1"，分别是"双胞胎"和"蜡烛"，"公元前"转化成"公园前"，秦始皇统一中国后来到一个公园前，公园前有很多双胞胎举着蜡烛在山呼海拜。

3. "208"拆分成"20"和"8"，分别是"香烟"和"葫芦"，赤壁之战中曹操大军像箭一样发射出许多烟头，诸葛亮用宝葫芦全部收入，然后喷出火焰将曹军烧成火海。

4. "13"和"68"分别是"医生"和"喇叭"，朱元璋建立了明朝，无数的医生从四面八方吹着喇叭来祝贺。

5. "14"和"05"分别是"钥匙"和"手套"，郑和往水里丢了一把神奇的钥匙就变成了一艘巨大的船，命令军士们全部戴上手套，齐声"嗨哟"划船出海。

6. "19""41""12""7"分别是"药酒""司仪""椅儿""镰刀"，珍珠港被轰炸后，满地都是破碎的药酒、死伤的司仪、破烂椅儿和镰刀。

有记住吗？来检验一下：

＿＿＿＿＿＿＿　秦始皇统一中国

1405年　　　　　　　＿＿＿＿＿＿＿＿＿

208年　　　　　　　＿＿＿＿＿＿＿＿＿

＿＿＿＿＿＿＿＿＿　　朱元璋建立明朝

1069年　　　　　　　＿＿＿＿＿＿＿＿＿

＿＿＿＿＿＿＿＿＿　　珍珠港事件

是不是很简单?

现在来练习一下:

1. 1905年　德国物理学家爱因斯坦提出狭义相对论和光速不变原理。

2. 1914年7月28日—1918年11月11日　第一次世界大战。

3. 1939年9月1日—1945年9月2日　第二次世界大战。

4. 1939年6月3日　林则徐虎门销烟。

5. 1969年7月　美国宇航员尼尔·阿姆斯朗代表人类第一次登上月球。

6. 1972年　尼克松访华。

7. 2001年9月11日上午　"911"事件。

请用上面所介绍的记忆法检验一下是否能记住。

第3节　学习运用之元素周期表

在学习化学的过程中，如果能对整个元素周期表了如指掌，可以说相当于在化学领域的海洋中拥有了一张导航图。

俄国科学家门捷列夫穷尽毕生的才智终于找到打开万物世界的神秘钥匙，那就是元素按原子序数逐次递增的排布规律，当年他根据这张元素周期表，预言了几种当时还未发现的神秘元素，引起了科学界的极大震动。

在整个中学阶段，主要是掌握前20个元素及八大主轴元素的性质规

周期

化学元素周期表

周期	IA	IIA	IIIB	IVB	VB	VIB	VIIB	VIII			IB	IIB	IIIA	IVA	VA	VIA	VIIA	0
1	1 H 氢 1.0079																	2 He 氦 4.0026
2	3 Li 锂 6.941	4 Be 铍 9.0122											5 B 硼 10.811	6 C 碳 12.011	7 N 氮 14.007	8 O 氧 15.999	9 F 氟 18.998	10 Ne 氖 20.17
3	11 Na 钠 22.9898	12 Mg 镁 24.305											13 Al 铝 26.982	14 Si 硅 28.085	15 P 磷 30.974	16 S 硫 32.06	17 Cl 氯 35.453	18 Ar 氩 39.94
4	19 K 钾 39.098	20 Ca 钙 40.08	21 Sc 钪 44.956	22 Ti 钛 47.9	23 V 钒 50.9415	24 Cr 铬 51.996	25 Mn 锰 54.938	26 Fe 铁 55.84	27 Co 钴 58.9332	28 Ni 镍 58.69	29 Cu 铜 63.54	30 Zn 锌 65.38	31 Ga 镓 69.72	32 Ge 锗 72.59	33 As 砷 74.9216	34 Se 硒 78.9	35 Br 溴 79.904	36 Kr 氪 83.8
5	37 Rb 铷 85.467	38 Sr 锶 87.62	39 Y 钇 88.906	40 Zr 锆 91.22	41 Nb 铌 92.9064	42 Mo 钼 95.94	43 Tc 锝 99	44 Ru 钌 101.07	45 Rh 铑 102.906	46 Pd 钯 106.42	47 Ag 银 107.868	48 Cd 镉 112.41	49 In 铟 114.82	50 Sn 锡 118.6	51 Sb 锑 121.7	52 Te 碲 127.6	53 I 碘 126.905	54 Xe 氙 131.3
6	55 Cs 铯 132.905	56 Ba 钡 137.33	57-71 La-Lu 镧系	72 Hf 铪 178.4	73 Ta 钽 180.947	74 W 钨 183.8	75 Re 铼 186.207	76 Os 锇 190.2	77 Ir 铱 192.2	78 Pt 铂 195.08	79 Au 金 196.967	80 Hg 汞 200.5	81 Tl 铊 204.3	82 Pb 铅 207.2	83 Bi 铋 208.98	84 Po 钋 (209)	85 At 砹 (201)	86 Rn 氡 (222)
7	87 Fr 钫 (223)	88 Ra 镭 226.03	89-103 Ac-Lr 锕系	104 Rf 𬬻 (261)	105 Db 𬭊 (262)	106 Sg 𬭳 (266)	107 Bh 𬭛 (264)	108 Hs 𬭶 (269)	109 Mt 鿏 (268)	110 Ds 𫟼 (271)	111 Rg 𬬭 (272)	112 Uub (285)	113 Uut (284)	114 Uuq (289)	115 Uup (288)	116 Uuh (289)	117 Uus	118 Uuo

镧系	57 La 镧 138.905	58 Ce 铈 140.12	59 Pr 镨 140.91	60 Nd 钕 144.2	61 Pm 钷 147	62 Sm 钐 150.4	63 Eu 铕 151.96	64 Gd 钆 157.25	65 Tb 铽 158.93	66 Dy 镝 162.5	67 Ho 钬 164.93	68 Er 铒 167.2	69 Tm 铥 168.934	70 Yb 镱 173.0	71 Lu 镥 174.96
锕系	89 Ac 锕 (227)	90 Th 钍 232.03	91 Pa 镤 231.03	92 U 铀 238.02	93 Np 镎 (237)	94 Pu 钚 (244)	95 Am 镅 (243)	96 Cm 锔 (247)	97 Bk 锫 (247)	98 Cf 锎 (251)	99 Es 锿 (254)	100 Fm 镄 (257)	101 Md 钔 (258)	102 No 锘 (259)	103 Lr 铹 (260)

律。把握了这一点，你就把握了中学阶段化学学习80%的精华。

元素周期表中前20个元素：

氢、氦、锂、铍、硼、碳、氮、氧、氟、氖、

钠、镁、铝、硅、磷、硫、氯、氩、钾、钙

八大主轴元素分别是：

第一主轴：氢、锂、钠、钾、铷、铯、钫

第二主轴：铍、镁、钙、锶、钡、镭

第三主轴：硼、铝、镓、铟、铊

第四主轴：碳、硅、锗、锡、铅

第五主轴：氮、磷、砷、锑、铋

第六主轴：氧、硫、硒、碲、钋

第七主轴：氟、氯、溴、碘、砹

第八主轴：氦、氖、氩、氪、氙、氡

记忆的策略：前20个元素可以用1～20的数字密码来定位，这样与原子序数也正好对应，八大主轴元素可以用串联故事法，分别串联成八个小故事。

例1：

1. 蜡烛——氢

想象：用蜡烛点爆氢弹。

2. 鸭子——氦

想象：鸭子吃害虫。

3. 耳朵——锂

想象：耳朵里钻出一节锂电池。

相信你已经掌握思路了，接下来的交给你来做练习吧。

4. 帆船——铍

想象：

5. 钩子——硼

想象：

6. 勺子——碳

想象：

7. 镰刀——氮

想象：

8. 葫芦——氧

想象：

9. 口哨——氟

想象：

10. 棒球——氖

想象：

11. 梯子——钠

想象：

12. 椅儿——镁

想象：

13. 医生——铝

想象：

14. 钥匙——硅

想象：

15. 鹦鹉——磷

想象：

16. 石榴——硫

想象：

17. 仪器——氯

想象：

18. 腰包——氩

想象：

19. 药酒——钾

想象：

20. 香烟——钙

想象：

例2：

第一主轴：氢、锂、钠、钾、铷、铯、钫

想象：请（谐音"氢"）你（锂）拿（钠）一副盔甲（钾）来，如（铷）果颜色（铯）鲜明又画着方（钫）格最好。

第二主轴：铍、镁、钙、锶、钡、镭

想象：披（铍）着美（镁）丽的钙片累得要死（锶），还背（钡）着可怕

的地雷（镭）。

第三主轴：硼、铝、镓、铟、铊

想象：我的朋（硼）友叫驴（铝），她的嫁（镓）妆是一个银铊（铟铊）。

下面的也非常简单，就让你自己来完成吧。

第四主轴：碳、硅、锗、锡、铅

想象：

第五主轴：氮、磷、砷、锑、铋

想象：

第六主轴：氧、硫、硒、碲、钋

想象：

第七主轴：氟、氯、溴、碘、砹

想象：

第八主轴：氦、氖、氩、氪、氙、氡

想象：

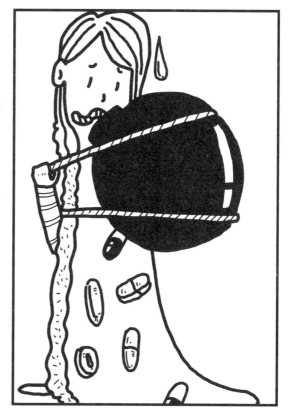

第4节 学习运用之地图记忆

在这片神奇古老的土地上，发生了多少可歌可泣的故事，写下多少动人的历史篇章？面对这幅壮阔的江山蓝图不禁令人豪情满怀，这片生养我们的国土你是否已牢记在心？

每一次作战前，英明的统帅都要认真地研究地形，确保整个战势的大局能够了然于胸。

学习就是一次作战，要有大的格局、宏观的视野和高明的策略，地理的学习尤为如此。不论是人口、物产的分布还是气候的变化等，最后都可以归结到这一幅中国地图上来研究，所以能把这一幅地图收入心中是非常重要的，对你日后学习或旅游来说都是非常实用的。

下面，我们来看看如何将中国地图牢记于心，请读者自行准备一张中国地图对照阅读。

通过观察和分析，将整幅地图分为四大部分就可以轻松地记忆下来：分别是东部、中部、西部、北部。

东部主要是：江浙沪一带，加上安徽、福建及台湾、香港、澳门和海南（我们姑且称为四岛）。

中部主要是：黑龙江、吉林、辽宁、北京、天津、河北、河南、湖北、湖南、广东、广西、江西，再加上河北两边的山东和山西。

西部主要是：青海、西藏、新疆、甘肃、四川、贵州、重庆、云南。

北部主要是：内蒙古、宁夏、陕西。

现在我们分别用四个小故事串联起来：

东部：福建可以想象成一把宝剑，安徽转化成平安。江浙沪一带出现了一把宝剑，剑保四岛平安，东部呈现的总体形象就是一把巨大的宝剑。

中部：黑龙江、吉林、辽宁、北京、天津合在一起就是"黑极鸟，北京的天啊"，它由北向南飞行，贯穿：河北、河南、湖北、湖南、广东、广西、江西和两山（山东和山西），这条南北主线非常好记，单独加强记忆一下山东和山西就好了！中部呈现的总体形象是：一只黑色大鸟由北向南贯穿飞行。

西部：一个青西瓜新鲜又甘甜，四斤贵重，滚到了云南。西部呈现的总体形象就是：一个滚动的青色大西瓜。

北部：到了夏天，地图内部蒙着一把宁静的伞。北部呈现的总体形象就是：一把大伞。

经过这样的想象，整个地图上就出现了四个形象的物，分别是：

东部→剑

中部→大鸟

西部→西瓜

北部→伞

合在一起就是：一个西瓜一把伞、一只大鸟一把剑。

怎么样，记下来了吗？

请找一张空白地图，根据你的记忆标出相应的省份。

第5节　学习运用之数理公式

在中学阶段会有很多基本的数理公式需要记忆，如果能快速而精准地记忆一些重要的公式、数据、定理，将会对我们的学习和考试大有裨益。

据说，发明家爱迪生就能记住大量的实验数据和公式，因此实验的时候根本无须去翻阅资料，从而大大提高了工作的效率，也节省了大量的时间。

至于魔方的盲拧高手，他们一般也要记住成百上千个公式呢！

我们来看看如何记住一些必用的数据或公式。

例1：记忆三大宇宙速度。

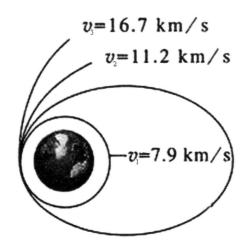

第一宇宙速度v_1=7.9km/s，航天器沿地球表面做圆周运动时必须具备的速度，也叫"环绕速度"。

想象："7.9"我们可以记成数字密码"气球"，自己抓住一个气球就可以环绕地球飞行起来啦。其中的小数点及单位"km/s"需要重点加强记一下就可以了。

第二宇宙速度v_2=11.2km/s，当航天器超过第一宇宙速度v_1达到一定值时，它就会脱离地球的引力场而成为围绕太阳运行的人造行星，这个速度就叫作"第二宇宙速度"，亦称"逃逸速度"。

想象："11.2"我们可以记成数字密码"一把椅儿"，自己坐上一把神奇的椅儿就可以飞出地球围绕太阳旋转，其中的小数点及单位"km/s"需要重点加强记一下。

第三宇宙速度v_3=16.km/s，从地球表面发射航天器，飞出太阳系，到浩瀚的银河系中漫游所需要的最小速度，就叫作"第三宇宙速度"。

想象："16.7"我们可以记成数字密码"一桶油漆"，自己坐上一桶油漆竟然可以飞离太阳冲进宇宙去漫游，小数点及单位"km/s"需要重点加强记一下。

只要想象出了这三幅有趣的画面，相信三个宇宙速度的数值你一定会牢牢地记忆下来，这样就会为我们做题和运算提供极大的方便。

需要注意的是，在记忆的时候我们要时刻清楚什么是真正的重点，什么是次要的，我们在通过转码的方式记忆的时候，原来的信息会发生一些变化，所以记忆完成后一定要精准地把信息还原回来。

在这里，真正的主重点是三个数值，其他的小数点、单位，都是次重点。抓住主重点，次重点是做补充的。

要点在于，一定要想象出清晰的图像，通过图像对照原来的信息并进行精准的还原。

例2：记忆牛顿万有引力公式。

$$F_{引} = G\frac{Mm}{r^2}$$

想象："G"读音"鸡"，"M"和"m"可以想象成麦当劳，"r"很像树杈形状。一只大公鸡看到了两根树杈，每根树杈上都叉着一个汉堡包，很显然，这树杈r越小，对这只鸡的吸引力越大，因为它越容易吃到；Mm越大，对这只鸡的吸引力也会越大，因为对它的诱惑越大。所以万有引力与距离r成反比，与两者质量Mm成正比。

这样利用想象来记忆会让你觉得更形象、更有趣，印象也更深刻。

例3：记忆数学中的三角函数公式。

$$\tan(\alpha+\beta) = (\tan\alpha+\tan\beta) / (1-\tan\alpha \cdot \tan\beta)$$

还记得我们前面讲过如何把抽象转化成形象的规律中有一条叫创新定义吗？这里"tan"可以定义成拼音"坦克"，"α""β"可以定义成两枚炮弹，"tanα""tanβ"就是两辆小坦克，"1"是数字密码蜡烛，"—"可以定义成消灭，分子是两只坦克之和，分母是两只坦克之积，谐音成"鸡"。

想象：一辆拥有α、β两枚炮弹的巨型母坦克tan（α+β）开了一炮立马就变样了，变成了一支蜡烛去消灭两只小坦克tanα、tanβ和鸡（即母坦克变成了蜡烛消灭小坦克和鸡）。

怎么样，全部记下来了吗？检验一下：

1. 三大宇宙速度分别是：

2. 牛顿万有引力公式是：

3. 三角函数公式是：

有的人会问，这样记会不会造成曲解啊？当然会！如果你只是为记而记却不注重理解的话。所以数理公式主要还是以理解的方式来记忆。

对于那些记忆比较困难的，应尽可能在理解的基础之上，再巧妙地运用类似以上右脑形象记忆，就会如虎添翼，大大激发你的创造力和理解力。

伟大的科学家爱因斯坦不仅有着精妙绝伦的左脑推理思维能力，更有着无与伦比的右脑想象思维能力。正因如此，他才成为人类有史以来最具创造力的才智人物之一。

还记得我们讲过的一个非常重要的观念吗：有效果比有道理更重要！在学习的时候我们以效果为导向，如果是对我们有帮助有启发的就是好方法，就应当以更开放的观念和思维去接受它。

第6节　生活运用之人肉照相机

"啊……你好，你是那个谁来着……"

你是否经常遭遇这样的尴尬，突然遇到一个久未见面的老朋友话到嘴边却叫不出他的名字，或者结识了一帮新朋友总是担心自己记不住谁是谁？这里就帮你来化解这样的尴尬。这需要锻炼你两大能力：观察力+想象力。

记忆人名和相貌的步骤是：第一步，快速将对方的姓名转化成图像；第二步，观察对方突出的外貌特征；第三步，以超凡的想象力将图像与特征进行夸张生动的联结。比如：记忆李德平。

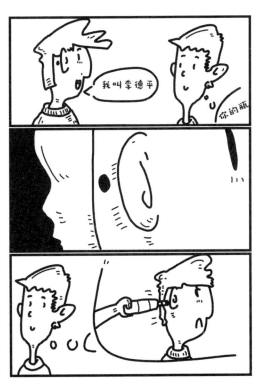

第一步快速转化对方的名字为图像，第二步用你的观察力快速找出对方的突出特征，第三步以你超凡的想象力想象出印象深刻的联结画面。

第一步，姓名转化：你的瓶。

第二步，突出特征：耳根后有一颗大黑痣。

第三步，联结画面：用你的瓶给你耳根后烙一颗大黑痣！

练习：

1. 崔国平

姓名转化：脆果皮

突出特征：黄色卷发

联结画面：

2. 郭美妮

姓名转化：锅没米

突出特征：脸盘大

联结画面：

3. 张业属

姓名转化：装耶稣

突出特征：颧骨突出

联结画面：

4. 苏　倩

姓名转化：数钱

突出特征：大嘴

联结画面：

5. 马思宇

姓名转化：骂死鱼

突出特征：眼睛白色较多

联结画面：

6. 方艺强

姓名转化：放一枪

突出特征：眉毛粗长

联结画面：

7. 叶伟光

姓名转化：月尾光

突出特征：皮肤光滑

联结画面：

8. 罗广杰

姓名转化：裸逛街

突出特征：胸肌发达

联结画面：

9. 李朗迪

姓名转化：你狼踢

突出特征：络腮胡

联结画面：

10. 胡贤灵

姓名转化：佛显灵

突出特征：秃顶

联结画面：

相信通过上面的练习，你已经掌握了如何记忆人名和相貌。

如果你是一个老师，新学期开学，要记忆全班几十个学生的姓名，或者你经常去参加聚会要记忆很多新朋友的姓名，怎么办呢？

有一次，我们团队受邀去平安保险公司进行演讲，主讲老师在上面演讲，我在下面正好无事，就拿着他们的名单偷偷地把到场300多个人的姓名记了下来，然后跟主讲老师沟通之后临时给他们展示了一下，结果全场爆发出了雷鸣般的掌声，大家都心服口服，后面的演讲也非常顺利。

那么，我是如何做到的呢？

其实，很简单，只要运用我们学过的数字密码，然后与姓名一一发生联结，就相当于记了300个词语而已。通过训练，你也完全可以做到。

人名记忆技巧总结

☆当对方介绍自己的名字时，可礼貌地请他再重复一遍。

☆交换名片时，可以直接看见他的名字。

☆追根求源：问他名字的来源及意义。

☆在人多时多次提及。

☆ 利用间隙时间复习，多在心里回忆。

☆照相留念，回去整理名片，将见面信息写在名片上便于回忆。

有的人问：这次我记住她了，下次她换了衣服、围巾、发型，还去掉了嘴唇上那颗大黑痣，怎么办呢？

所以除上述信息以外，还要宏观地进行综合的观察，包括对方的容貌、举止、动作、习惯、语调、气味、渊源、背景、梦想、职业、爱好、所处情景等因素。

要注意，这样的想象都非常的夸张，你在记忆的时候只可以自己在心里偷偷地乐，切记不可随口告诉人家你是怎么记的，一旦知道真相，结果可能就不那么美妙了。

第7节　生活运用之窃听风云

"你拿张纸和笔，我给你留个电话号码。"

"……呃，找不到纸和笔。"

想必你也遭遇过这样的尴尬吧？我却从来不会，因为我已经练就了一项"秘密武功"，那就是听记号码的能力。

每当一个新朋友说："你拿手机记下我的号码，" 我都会说："不用记，你直接说吧。"对方先是一惊，然后是半信半疑，当我瞬间就能把他的号码倒背如流给他听的时候，他就会投来无比惊诧和佩服的目光。

如何能做到快速听记号码呢？很简单！

首先你要对数字编码非常熟悉，然后要有无比快速想象的能力，其实就是你的基本功要扎实。

一般来讲，别人报号码都按照这样的节奏：189-7832-0869，当然也有其他的节奏，1513-4969-998，都没关系，总的来说会分为三大部分。当然，用联想串联记下来是没问题的，如果基本功不扎实可能记得有点慢。最快速最巧妙的就是：情景定桩。在现场快速找出三个地点记忆桩子，然后定桩。

比如：你现在遇到了我，发现我正在电脑面前写作，要记我的电话号码151-3496-9993。通过观察，我面前是一台电脑，电脑旁边是一个小音箱，音箱上方是窗台，所以你就临时选定了电脑、音箱和窗台三个地点为记忆桩子。

然后快速想象：电脑屏幕里浓烟滚滚，浓烟中出现了一群满脸土灰的工人（51），音箱上喷出了三条丝巾（34），丝巾上绑着一个燃烧的旧炉（96），窗台上有一个小木偶人舅舅（99），他佝偻着背打着一把旧伞（93）在踱来踱去。

感觉怎么样，是不是图像很清晰，现在你已经可以倒背如流了。

遇到任何一个人，你都可以运用情景定桩的方法将对方的号码快速听记下来。即便你想象得不是很快，把号码切割成三部分之后，哪怕直接丢在桩子上你也可以记下来。

现在，就掏出你的手机来做个练习吧。把姓名和号码一一对应一起记忆下来。

第一步：找到姓名后，大脑中第一时间反应出他所在的场景。

第二步：在他所在的场景中快速找出三个显眼的地点作为记忆桩子。

第三步：号码与桩子快速想象联结。

比如：

1. 爸爸：客厅→159-7732-3080

　　桩子：电视、果盘、沙发

　　想象：电视里面五角星（59）闪闪发光；一个机器人（77）操起果盘当扇儿（32）扇；沙发上一辆三轮（30）车撞翻了一座巴黎铁塔（80）。

2. 妈妈：厨房→187-3712-3580

　　桩子：洗菜池、锅、碗柜

　　想象：洗菜池里白旗（87）飘飘；一只山鸡（37）搬个椅儿（12）坐在锅里；碗柜里一只山虎（35）在咬巴黎铁塔（80）。

3. 班主任：教室→185-2176-8101

　　桩子：讲台、黑板、垃圾桶

想象：讲台上一堆宝物（85）闪闪发光；黑板上一只鳄鱼（21）吐着气流（76）；垃圾桶里一群白蚁（81）在啃一棵小树（01）。

4. 校友王：操场→135-7833-5580

桩子：旗杆、球筐、球网

想象：一只调皮的山虎（35）爬上旗杆；一只青蛙（78）发出闪（33）电劈球筐架；一辆火车（55）冲破球网撞到巴黎铁塔（80）。

运用这个方法，不论你的手机里有50个、80个还是200个号码，你都可以全部记忆下来，马上试验一下吧。

第8节　生活运用之名人演讲与听记歌词

你是否喜欢演讲和音乐？

我曾经有一个朋友，有一次他去北大听《赢在中国》的著名电视主持人王利芬女士的演讲，不带任何纸笔，没做一字笔记，回来之后他把长达三个多小时的演讲内容跟我们进行了分享。当然，这个朋友也不是一般人，他是为数稀少的世界记忆大师队伍中的一员。他利用高效的记忆方法，记忆了海量的考研单词和司法条款，顺利地考上了北大的研究生。

他是如何做到的呢？

我自己业余爱好音乐，不过对于一些熟悉的歌却经常记不起歌词，后来我把记忆方法运用到其中，效果奇佳，一首歌听一两遍就能够全部精准记住了。

我是如何做到的呢？接下来，我将向你一一透露秘密。

其实方法很简单，就是利用上一节介绍的情景定桩法。

先说演讲。

我们可以在演讲现场迅速寻找一系列的地点桩子，比如台阶、栏杆、桌椅、投影仪、幕布、音响、鲜花……选好了地点桩子，然后根据演讲的内容浓缩成一个个的意象依次放在地点桩子上就可以了。需要略微注意的是，我们不需要记住演讲的每一个字，只需要掌握大纲脉络或者核心要点就可以了，其他的都可以省略掉。所以要把握一个原则：化繁为简、去粗存精。把尽可能多的内容简化成尽可能少的意象，或者只记核心要点。

再说听记歌词。我们以周杰伦的《烟花易冷》为例。

烟花易冷

①

繁华声 遁入空门 折煞了世人

梦偏冷 辗转一生 情债又几本

如你默认 生死枯等

枯等一圈 又一圈的年轮

②

浮屠塔 断了几层 断了谁的魂

痛直奔 一盏残灯 倾塌的山门

容我再等 历史转身

等酒香醇 等你弹 一曲古筝

③

雨纷纷 旧故里草木深

我听闻 你始终一个人

斑驳的城门 盘踞着老树根

石板上回荡的是 再等

④

雨纷纷 旧故里草木深

我听闻 你仍守着孤城

城郊牧笛声 落在那座野村

缘分落地生根是 我们

⑤

听青春 迎来笑声 羡煞许多人

那史册 温柔不肯 下笔都太狠

烟花易冷 人事易分

而你在问 我是否还认真

⑥

千年后 累世情深 还有谁在等

而青史 岂能不真 魏书洛阳城

如你在跟 前世过门

跟着红尘 跟随我 浪迹一世

雨纷纷 旧故里草木深

……

伽蓝寺听雨声 盼永恒

这首歌词非常有意境，我以前总是记混。一次午睡前，我在听的时候，稍微运用了一下情景定桩就再也不会弄错了。

我在现场选了四个情景桩子：一张办公桌、一个抽屉、一棵盆栽、一个书架。

在听记之前，我们要把握一些大的规律，歌的高潮部分一般都能记住，还有一些段落的旋律是相同的。

所以，对于这首《烟花易冷》的歌词，第③④节是高潮部分，就不用刻意记了，第①节与第⑤节有相同的旋律，第②节与第⑥节有相同的旋律，因此记住了第①②节的旋律也就记住了第⑤⑥节的旋律了！

对第①节我的大概意象是：想象在我的办公桌上，推开一扇门，看见一个人在床上翻来覆去翻看几本情书，旁边站着一位白素的女子变成了木桩，木桩的截面上出现一圈又一圈的年轮。

对第②节我的大概意象是：想象拉开我的抽屉，看到一座浮屠塔一层层断裂，塔中有一盏灯，山门残破倾塌，我一转身，看到一杯酒上升，旁边一位白素女子弹起古筝。

第⑤节的地点桩子是一棵盆栽，你的意象是什么呢？

第⑥节的地点桩子是一个书架，你的意象是什么呢？

就这样，这首歌很容易就记下来了。

你是否已经找到感觉了呢？如果你喜欢音乐却记不住歌词，马上去试试吧。

第9节　生活运用之路痴找路

你有变成路痴的时候吗？ 有时候经常要出差，需要记忆一些基本的路线，这时候记忆法就可以帮上很大的忙。比如：

从上海连城苑小区金桥路去东方明珠，路线如下：

想象画面：拿着一把勺子（6号线）向太阳升起的东方体育中心的方向奔去，会在中途看到一条光明的世纪大道，我就跳下来，赶着一群鸭子（2号线），徐徐往京东商城的方向走（徐泾东），会路过一户姓陆的人家，

他们的嘴大得出奇（陆家嘴），在这里下车，寻找插满蜡烛（1）的1号出口，然后就可以悠悠晃晃地去捡东方明珠啦。

再仔细回顾加深一下画面，相信你已经记下来了。

路线你已经会记，现在要记一个具体的地址：上海浦东新金桥路6886号银东大厦8楼8108大禹治水科技有限公司。

想象画面："上海浦东"不用记，你来到了一座金碧辉煌新建的大桥（新金桥路）下，看见桥上装着一个巨大的喇叭（68）在喊着口令，下面走过一队八路（86），你跟着八路穿过桥洞，又看到一栋银光闪闪（银东大厦）的葫芦（8）形状的摩天大楼，你爬上8楼，打开电梯，跟着一群白蚁（81）走，白蚁爬进了一个篱笆（08）围成的公司，透过篱笆看过去，里面有个大力士在拦截滔滔的洪水（大禹治水）。

回顾一下画面，加深印象，相信你已经记下来了。

现在来练习一下记忆地址：

1. 鲁迅故里地址：绍兴市越城区鲁迅中路241号

2. 上海水族馆地址：浦东新区陆家嘴环路1388号（近东方明珠）

3. 东方明珠地址：上海市浦东新区陆家嘴环路75号

4. 五棵松体育馆地址：北京市海淀区复兴路 69号

5. 狼牙山地址：河北省保定市易县西部的太行山东麓

6. 圆明园地址：北京市海淀区清华西路28号

7. 秦始皇兵马俑地址：陕西省西安市临潼区临蓝路

8. 鸟巢地址： 北京市朝阳区安定路甲3号

怎么样，有记住吗？来检验一下：

1. 鲁迅故里地址：

2. 上海水族馆地址：

3. 东方明珠地址：

4. 五棵松体育馆地址：

5. 狼牙山地址：

6. 圆明园地址：

7. 秦始皇兵马俑地址：

8. 鸟巢地址：

第10节　生活运用之买菜回家

今天家里来了客人，妈妈让你上街买些菜回来，她马上去找纸和笔准备把菜单写给你，你可以潇洒地告诉她："不用啦，我可以记住！"她满脸的惊讶和质疑，于是你快速地报道："大白菜、香肠、馒头、面条、鱼、辣椒、莲藕、丝瓜、排骨、茄子、蘑菇、荷兰豆……"

这个用连锁故事法记下来简直小菜一碟。

更好用的方法是前面讲过的身体定位法。

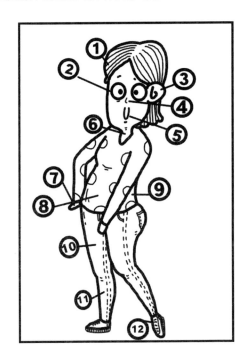

1. 头部　2. 眼睛　3. 耳朵　4. 鼻　5. 嘴巴　6. 脖子

7. 双手　8. 腹部　9. 背部　10. 大腿　11. 小腿　12. 脚丫子

1. 头部——大白菜

想象：头顶上莫名其妙长出一棵大白菜。

2. 眼睛——香肠

想象：眼睛的睫毛弯弯，上面横着两根大香肠。

3. 耳朵——馒头

想象：一个调皮的馒头从你的左耳朵进去从右耳朵钻出来。

4. 鼻子——面条

想象：哈哈，相信你自己已经想到画面啦……鼻涕从两个鼻孔里流出来，像面条一样。

下面的交给你来做练习吧：

5. 嘴巴——鱼

想象：

6. 脖子——辣椒

想象：

7. 双手——莲藕

想象：

8. 腹部——丝瓜

想象：

9. 背部——排骨

想象：

10. 大腿——茄子

想象：

11. 小腿——蘑菇

想象：

12. 脚丫子——荷兰豆

想象：

不用说，回顾一遍你就可以做到倒背如流了。

身体定位法还可以帮你在生活中记忆什么呢？请你仔细思考一下。

Chapter 7

一起进军世界脑力锦标赛

第1节　一分钟了解世界脑力锦标赛

世界脑力锦标赛由奥林匹克大脑运动会发起人、思维导图发明人托尼·博赞先生于1991年发起，一年一度世界巡回举办，是世界上最高级别的脑力赛事。下表是世界脑力锦标赛的比赛项目和赛程：

三天赛程	上午	下午
第一天	抽象图形	马拉松数字
	二进制数字	
第二天	人名头像	一小时扑克
	快速数字	
	历史事件	
第三天	随机词汇	快速扑克
	听记数字	

世界记忆大师*的三项国际标准：

1. 两分钟正确记忆一副打乱的扑克牌。

2. 一小时正确记忆10副以上的扑克牌。

3. 一小时正确记忆1000个以上的随机数字。

　　★中国的世界记忆大师中出版过图书的有朱少敏（《超有趣的音标书：当英语发音遇上超强记忆法（彩图珍藏版）》）崔中红（《中小学生一定要掌握的超级记忆法》）胡庆文（《记忆达人教你神奇记忆术》）刘孔捷（《记忆魔法书：瞬间记住拯救宇宙的密码》）朱选好（《人人都能掌握的高效记忆法》）吴帝德（《超实用记忆力训练法》《思维导图宝典：好看又好用的导图大全集》《漫画中小学生必须知道的超级记忆法》）曹全全（《用高效记忆法记英语单词》）李俊成（《图解英语高频词根词缀联想记忆法》）覃雷（《高效记忆的技术》）卢龙斌（《超级记忆：10倍速轻松学习》，与同为世界记忆大师的妻子卢红莲合著）雷南燕（《超级脑力训练：高效记忆、快速阅读和思维导图》），以上图书均由中国纺织出版社陆续出版。

第2节 世界脑力锦标赛之抽象图形

记忆项目名称：抽象图形

记忆时间：15分钟　回忆时间：30分钟

第一张是记忆卷。由五张 A4 纸组成，每张有10行，每行有5幅图（总的试卷一共有 50 行）。

第二张是回忆卷。与记忆卷的格式是一样的，也是每行有5个图形。（同一行内的图形顺序会打乱，但各行会维持原来的顺序。）每一幅图的下面会有一个方格，选手填入正确的顺序号码（从左到右）。

赛程规则

参赛者会拿到面朝下的记忆卷。他们有一分钟的安静时间，最后10秒时会提醒他们，但不可以触摸卷子。比赛会在标准的"脑细胞准备好！冲！"信号令发出后开始。

从翻卷起，参赛者有 15 分钟的记忆时间。重要的是——书写工具或测量工具不可以放在桌上或在记忆中使用。时间还剩最后 5 分钟和最后 1 分钟时会有提示。

时间到记忆卷会收上来，回忆卷会发下去（面朝下）。参赛者有 30 分钟的时间在每行的每个图形下写下正确的顺序号。参赛者没必要填写所有的行，可以按任意行序答题（即每一行是分别标记的）。会有最后 15 分钟、5 分钟和 1 分钟的提示。在30分钟答题结束之际，参赛者要保证他们的名字写好并将卷面朝下放在桌上等待收卷。

计分

每个正确的行给予 5 分。如果一行中有一个或更多的空格，则扣减一分。

抽象图形问卷

抽象图形答卷

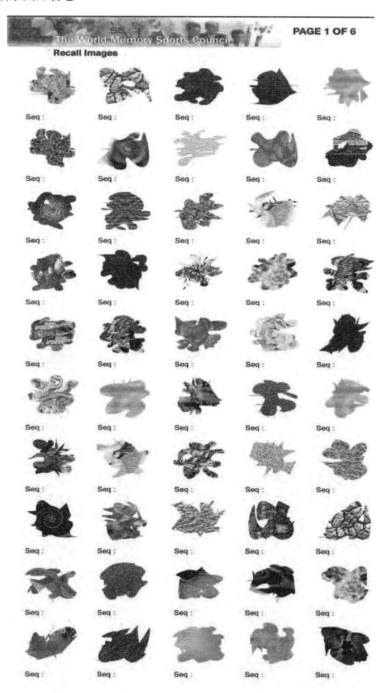

第3节　世界脑力锦标赛之二进制数字

记忆项目名称：二进制数字

记忆时间：30 分钟　回忆时间：60 分钟

记忆卷

电脑生成数字，每行 30 个数字，每页 25 行（每页 750 个数字），一共有 4500 个数字。如果想跟裁判者要更多的答题纸，必须在比赛前一个月提出。

回忆卷

参赛者使用提供的答题纸。如果参赛者想使用自己的答题纸，必须在赛前得到裁判者的同意。参赛者必须以每行 30 个数字答题。自己的答题纸上必须按序号编号，并答题卷上的行必须和记忆卷上的行相对应（漏掉的行必须标明）。

计分

如果每行都按顺序写清楚，而且都正确的话，得 30 分；一行 30 个数字中如果出现一处错误（包括漏掉一个数字），给 15 分；如果一行 30 个数字中出现两处错误（包括漏掉数字），给 0 分。仅对于最后一行：如果最后一行没有写完（比如只写了 19 个数字），而且写下的数字都正确的，那么写几个就给几分；如果最后一行没有完成，而且有一处错误（包括漏写一个数字），那么只能给所写数字一半的分（如果是奇数，比如 19分，那么得10分）。在最后具有决定性的分数中，胜利与否取决于额外的数字的分数，参赛者每写对一个数字，则得具有决定意义的一分，取得最多分数的参赛者是获胜者。

二进制数字问卷

0 0 1 0 1 1 1 0 1 0 1 1 0 0 1 0 1 0 1 1 0 1 1 1 0 1 0 1 1 0

1 1 0 0 1 0 1 1 0 1 1 0 1 1 1 1 0 1 0 1 0 0 0 0 1 1 0 1 1 0

1 0 1 0 0 1 1 1 1 0 0 0 1 1 0 0 0 1 0 1 0 1 0 0 1 1 0 1 1 0

1 1 0 1 0 0 0 1 1 1 1 1 1 1 0 1 0 1 0 0 0 1 1 1 0 1 1 1 1 1

1 0 1 1 1 0 0 0 1 0 0 0 1 0 0 0 0 1 1 1 0 0 0 1 0 1 1 0 1 1

1 0 1 1 1 0 1 0 0 1 0 1 1 1 1 0 1 0 0 0 0 0 0 0 0 0 0 0 0 0

0 0 0 0 0 1 1 0 0 1 1 1 1 1 0 0 0 0 0 1 1 0 1 1 1 0 1 0 1 0

0 0 1 1 0 1 0 1 0 1 1 1 0 1 0 0 1 1 0 0 1 0 0 0 1 1 1 0 0 1

0 0 0 0 1 1 0 0 0 0 0 1 0 0 1 0 1 1 0 1 1 1 1 0 0 0 0 1 1 0

0 0 1 0 0 0 1 1 0 1 1 0 0 1 1 1 1 1 0 1 1 1 0 1 1 1 0 1 0 1

1 0 0 1 1 0 0 1 0 1 1 0 1 1 0 1 0 1 0 1 1 1 0 0 1 1 0 0 0 1

1 0 0 0 1 1 0 1 1 0 0 1 1 1 0 0 1 1 0 0 1 0 0 0 0 1 1 0 1 0

1 0 0 1 0 1 1 0 1 1 0 0 1 0 0 0 1 0 1 1 0 0 0 1 0 0 0 1 1

1 0 1 1 1 0 1 1 1 1 0 1 0 0 0 1 1 1 0 1 0 1 1 0 1 0 0 1

0 1 1 1 1 1 1 0 0 1 1 0 0 0 1 1 0 0 1 0 0 1 0 1 1 1 1 1 0

0 0 1 1 1 1 0 1 1 1 1 0 0 0 0 0 1 0 1 1 1 1 0 1 1 0 1 1 0 0

0 0 0 1 0 0 0 1 0 1 1 0 1 0 0 1 1 0 1 1 1 0 0 1 1 0 1 1 0 0

1 0 1 1 1 1 0 0 1 0 1 1 1 1 1 1 0 1 0 1 1 0 1 0 1 0 0 1 1 0 1

1 0 0 0 1 1 0 1 1 0 0 1 1 1 0 0 1 1 0 0 1 0 0 1 0 0 0 0 1 1 0 1 0

1 0 1 1 1 1 1 0 0 0 0 1 0 0 0 0 0 1 0 0 0 1 1 0 1 1 0 0 0 0 1

1 0 1 1 1 1 0 1 0 1 1 1 1 0 1 0 0 0 1 1 1 0 1 0 1 1 0 1 0 0 1

0 1 1 1 1 1 1 0 0 1 1 0 0 0 1 1 0 0 1 0 0 1 0 1 1 1 1 1 0

0 0 1 1 1 1 1 0 1 0 1 0 0 0 0 1 0 0 1 1 1 1 0 1 0 1 1 0 1 1

0 0 0 1 0 0 0 1 0 1 1 0 1 0 0 1 1 0 1 1 1 1 0 0 1 0 1 1 0 0

1 0 1 1 1 1 0 0 1 1 0 1 1 0 1 1 1 1 1 0 1 0 1 1 0 1 0 0 1 1 0 1

二进制数字答卷

	1
	2
	3
	4
	5
	6
	7
	8
	9
	10
	11
	12
	13
	14
	15
	16
	17
	18
	19
	20
	21
	22
	23
	24
	25

第4节 世界脑力锦标赛之马拉松数字

记忆项目名称：马拉松数字

记忆时间：60 分钟 回忆时间：120 分钟

记忆卷

电脑生成数字，每页 25 行，每行 40 个数字。将提供 4000 个数字（共四页记忆卷）。可以跟裁判者要求更多的记忆卷，但必须在比赛前一个月提出。

回忆卷

参赛者使用提供的答题纸。如果参赛者想使用自己的答题纸，必须在比赛前经由裁判者同意。参赛者必须写下自己记住的成行的数字，每行40 个数字。答题纸上的行应和试卷上的行是一致的，如果有空行，请标清楚。

计分

如果每行都按顺序正确写出，得 40分；在每一行中，出现了一处错误（包括漏掉一个数字），则只能得20分；如果一行中40个数字出现了两处或两处以上的错误，则判为0分。关于最后一行，如果最后一行没有完成（比如说，开始的29个已经完成），而且都是正确的，那么写出几个给几分（在这个例子中，得29分）；如果最后一行没有完成，且出现了一个错误（包括漏掉一个数字），那么只能得到一半的分数。（如果是奇数，则给一半的整数。比如写出29个数字，而且中间出了错误，那么只能得到一半的分数，那么得15分）。在最后决定谁是优胜者的判分中，胜负与否则决定于附加的数字行，在这里参赛者应尽力去记，每多写对一个数字，就多得一个决定性的分数，多得决定性分数的参赛者将是获胜者。

马拉松数字问卷

```
0 9 9 3 0 6 7 3 4 2 9 1 1 3 9 3 4 3 5 2 3 8 1 6 0 0 7 2 7 8 8 0 2 7 8 5 3 0 0 7 Row 1
9 8 1 0 5 4 4 1 4 9 9 6 9 8 6 4 0 4 9 3 5 0 1 7 0 4 0 6 1 6 0 5 9 6 0 6 0 3 0 3 Row 2
2 0 8 0 3 9 6 2 1 9 8 7 4 6 1 0 9 5 8 5 1 2 6 5 0 7 5 4 2 9 6 5 3 1 4 9 5 9 8 7 Row 3
2 4 7 7 2 3 2 5 5 0 9 8 7 5 5 4 1 3 0 9 6 9 8 7 1 8 1 4 5 6 4 9 7 6 8 3 4 9 3 5 Row 4
8 4 8 7 5 9 7 4 7 5 8 7 7 2 3 6 0 7 5 2 4 1 6 9 9 3 1 1 6 8 7 8 2 4 2 0 6 4 8 1 Row 5
1 0 0 6 4 9 4 2 2 9 2 0 0 3 5 6 0 4 6 3 6 9 4 2 8 1 4 6 8 6 9 4 4 2 6 5 7 8 1 2 Row 6
0 3 8 9 4 3 9 7 8 1 3 5 0 1 7 1 6 8 4 5 0 8 7 4 8 4 3 4 2 5 2 9 1 9 2 2 9 5 3 1 Row 7
6 0 1 8 8 4 3 6 9 8 3 7 0 4 1 3 5 8 1 5 7 1 1 8 9 4 3 9 1 6 2 1 8 5 5 4 6 9 1 5 Row 8
1 1 0 4 4 9 8 3 5 2 4 5 5 7 0 9 7 8 3 4 8 8 6 9 7 5 9 0 6 8 3 6 2 6 6 0 0 4 3 5 Row 9
2 1 6 5 0 6 3 2 6 0 1 9 3 3 2 5 3 1 1 0 3 6 0 6 4 5 3 3 2 2 9 7 1 8 4 2 1 3 1 1 Row 10
1 9 5 3 8 7 7 4 2 3 1 0 7 0 4 0 8 1 7 8 2 6 1 4 2 0 0 4 0 2 8 1 7 6 8 3 1 6 6 1 Row 11
5 1 8 6 0 9 3 3 4 4 0 5 9 9 4 4 6 5 8 0 7 3 8 5 9 3 8 6 8 6 4 5 8 5 9 0 8 2 9 4 Row 12
8 5 6 6 8 1 4 2 1 0 7 6 6 9 8 0 8 4 4 3 2 7 4 9 4 0 3 5 5 3 6 3 2 5 8 2 9 8 5 5 Row 13
1 2 1 5 9 2 1 4 4 1 0 7 6 7 4 5 0 6 1 7 6 8 4 8 1 8 8 8 8 3 2 4 6 4 6 4 7 1 4 6 Row 14
2 7 6 6 6 3 0 0 9 5 9 4 5 3 1 2 3 1 3 0 9 5 1 3 0 9 6 0 9 8 6 2 1 8 2 7 1 5 5 4 Row 15
2 7 8 9 0 7 2 3 9 3 7 0 1 4 8 7 2 3 3 9 9 9 3 5 4 5 1 4 1 4 3 7 7 0 4 2 1 1 2 6 Row 16
4 3 8 5 2 6 5 6 7 6 8 8 3 7 1 6 4 5 8 2 4 8 0 7 1 9 5 4 1 8 4 1 1 8 9 3 4 0 9 4 Row 17
4 5 6 8 8 1 0 4 6 7 1 9 3 3 2 2 6 3 9 9 5 3 3 5 2 2 8 6 0 5 2 8 4 4 2 4 1 7 4 5 Row 18
6 6 2 2 6 5 6 1 0 8 1 1 5 9 1 9 0 5 9 7 0 0 7 0 9 1 8 5 4 0 7 1 2 5 4 7 5 3 9 9 Row 19
0 2 7 8 8 6 4 2 8 3 5 6 8 2 5 6 5 0 3 0 5 7 7 6 4 9 3 6 5 1 3 2 3 3 5 5 1 5 6 4 Row 20
9 4 3 2 4 1 4 7 0 2 6 3 8 8 8 2 9 1 5 2 9 7 0 1 8 5 3 6 2 5 5 2 3 4 3 3 2 5 2 9 Row 21
```

4 0 1 6 4 6 5 0 8 8 2 8 6 2 3 9 4 9 9 2 4 5 6 3 5 9 9 6 6 5 5 9 3 3 9 4 8 5 9 5 Row 22

2 3 5 3 8 9 4 4 6 8 0 4 0 2 1 0 6 5 4 0 5 7 9 8 9 9 9 7 4 2 0 9 3 5 6 6 8 0 0 7 Row 23

6 4 3 4 8 7 3 9 1 8 1 8 4 9 4 7 8 5 3 3 9 1 4 6 2 3 3 7 9 9 8 7 2 5 0 3 8 7 4 3 Row 24

4 8 5 7 9 8 8 8 9 7 0 5 6 6 9 9 8 5 3 9 2 8 1 0 7 3 2 1 5 2 0 6 7 2 6 4 6 1 7 1 Row 25

马拉松数字答卷

	Row 1
	Row 2
	Row 3
	Row 4
	Row 5
	Row 6
	Row 7
	Row 8
	Row 9
	Row 10
	Row 11
	Row 12
	Row 13
	Row 14
	Row 15
	Row 16
	Row 17
	Row 18
	Row 19
	Row 20
	Row 21
	Row 22
	Row 23
	Row 24
	Row 25

第5节　世界脑力锦标赛之人名头像

记忆项目名称：人名头像

记忆时间：15分钟　回忆时间：30分钟

记忆卷

99幅不同人物的彩色照片（大多数都是头肩照），每张下面写上姓名。一张纸上有三排照片，每排五幅照片，一共使用6.5张纸。

回忆卷

参赛者必须在每幅照片下清楚地写下正确的姓名。

计分

名字写对的话，得1分；姓写对的话，得1分；如果名字发音正确但拼写错误，只得半分；如果姓的发音正确但拼写错误，只得半分。总分是要计算每一个正确的名字的得分。如果结果不是整数，就四舍五入。如果发生平分，将看有几幅不正确配对的照片，拥有越少不正确配对照片的就是获胜者。

人名头像问卷

The World Memory Championships 2009 - Names and Faces Memorisation Sheet

Zi Guo
郭紫

Agnes Berg
艾格尼丝·伯格

Ming Mai
明麦

Andreas Hagen
安德烈亚斯·哈根

Taras Lipa
塔拉斯·利帕

Viktorija Petrauskienė
维卡特特瑞嘉·派达斯克

Emilie Cuno
艾米丽·斯诺

An Lin
安琳

Claire Smith
克莱尔·史密斯

Vanca Shah
万斯·沙赫

Nora Berg
诺拉·伯格

Sati Malik
萨蒂·马立克

Li Ma
马力

Jane King
简·金

Alexander Siebolt
亚历山大·西博尔德

人名头像答卷

The World Memory Championships 2009 - Names and Faces Memorisation Sheet

第6节 世界脑力锦标赛之快速数字

记忆项目名称：快速数字

记忆时间：5 分钟　回忆时间：15 分钟

记忆卷

电脑生成数字，一页 25 行，每行 40 个数字，共有 1000 个数字（共一页）。

回忆卷

参赛者使用提供的答题纸。如果参赛者想使用自己的答题纸，必须在比赛前得到裁判者的同意。参赛者必须在自己的答题纸上按行写清楚每行 40 个数字。答题卷上的行必须和记忆卷上的行相对应，漏掉的行必须标明。

计分

如果每行按顺序正确无误地写出40个数字，得40分；如果一行中出现一处错误（包括漏掉一个数字），得20分；如果一行中，出现两处或两处以上的错误（包括漏掉数字），得0分。关于最后一行，如果最后一行没有完成（比如说，开始的29个已经完成），而且都是正确的，那么写出几个数字给几分（在这个例子中，得29分）；如果最后一行没有完成，且出现了一个错误（包括漏掉一个数字），那么只能得到一半的分数（如果是奇数，则给一半的整数。比如写出29个数字，而且中间出了错误，那么只能得到一半的分数，得15分）。最高分得主就是胜利者（最高分是从两次机会中获得的最高分数）。在平分的情况下，获胜者是第二次机会中更好的参赛者。如果参赛者在第二次机会中依然平分，裁判将考察每位参赛者最好的那一次答题卷的最后一行，在这行每多写对一个数字，就多得一个决定性的分数，多得决定性分数的参赛者将是获胜者。

快速数字问卷

1	5 5 8 7 7 4 3 6 6 1 9 2 3 1 7 3 1 3 8 8 1 8 3 4 9 6 3 6 2 9 8 8 3 5 7 6 1 3 5 2	Row1
2	3 8 7 6 5 4 6 0 5 1 5 3 1 6 3 5 8 3 5 5 4 7 6 2 5 8 1 0 5 2 9 3 3 3 6 8 9 4 9 3	Row2
3	7 3 7 2 3 5 3 9 3 9 2 9 3 6 3 3 3 6 8 6 7 5 2 1 4 7 2 3 5 4 5 5 3 0 0 6 7 9 1 2	Row3
4	3 7 8 2 5 1 9 5 1 2 1 9 0 0 3 1 4 6 9 9 5 7 8 0 1 3 5 0 5 1 2 3 6 8 5 2 2 8 6 4	Row4
5	0 9 2 8 1 8 0 6 4 8 2 0 5 7 3 8 1 0 7 9 1 6 8 1 4 0 4 4 9 3 9 5 6 7 6 0 7 8 4 9	Row5
6	5 0 1 3 6 2 8 8 4 1 1 6 2 5 6 2 4 9 8 3 4 5 1 0 4 1 1 2 5 2 5 1 7 2 0 0 4 9 2 6	Row6
7	9 6 8 5 4 6 3 3 6 4 8 1 3 9 8 8 0 4 8 4 3 4 0 7 2 8 9 6 7 2 4 1 4 6 3 6 3 7 3 8	Row7
8	9 4 8 5 9 8 8 0 2 0 3 6 2 7 4 1 1 0 5 9 2 1 1 9 2 7 2 2 1 0 4 5 0 1 4 3 4 3 7 2	Row8
9	2 6 3 3 1 6 9 5 9 9 0 9 3 9 9 4 0 6 0 1 0 2 1 5 0 0 9 1 6 3 7 7 0 5 5 9 0 1 1	Row9
10	0 8 6 6 5 8 3 3 0 3 4 6 0 3 1 5 4 3 4 1 8 6 6 4 8 7 9 9 6 8 1 3 7 4 2 8 9 7	Row10
11	1 5 4 2 7 4 0 6 1 0 7 4 4 1 2 0 5 4 8 4 3 8 0 2 7 7 4 6 1 5 4 5 9 2 6 9 0 6 4 9	Row11
12	7 4 8 9 9 5 7 7 4 1 7 9 2 9 0 2 9 1 4 3 6 3 8 8 8 6 0 7 3 4 6 0 0 9 3 9 5 4 4 1	Row12

快速数字答卷

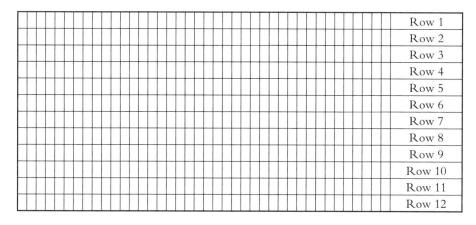

第7节 世界脑力锦标赛之历史事件

记忆项目名称：历史事件

尽可能记住虚拟的历史/未来日期，越多越好，并把它们与正确的历史事件相连。

记忆时间：5分钟 回忆时间：15分钟

记忆卷

80个不同的历史/未来日期，一张纸40个。这些历史/未来的日期在1000和2099之间。所有的历史/未来日期都是虚拟的（比如和平协议的签订日期）。事件文本的长度是1~5个英文单词。所选年代的范围必须在所规定的年代区间内，不会重复出现使用的日期或事件。四个数字的历史/未来日期要写在事件的左边，事件是一个接一个写下来的。

回忆卷

参赛者有两张答题纸，每张写40个历史/未来事件。其历史/未来事件和记忆卷的事件顺序是不同的。参赛者要在事件前写下正确的年份。

计分

每写对一个年份给1分，四个数字都应该是准确无误的，如果出现一个数字错误则扣去一半的分数。分数总数加起来（满分80）。如果出现平分，优胜与否取决于出错误的多少（年份出错），谁出的错最少，谁就是获胜者。

虚拟历史事件问卷（部分示意）

Number	Date	Event-Chinese
1	1783	酒店举办150周年庆
2	1120	奥林匹克比赛推迟了12个月
3	1669	10岁成为最年轻的教授
4	1065	教师荣获奖励
5	2020	奶酪价格上涨
6	1328	厨师做出一道新菜肴
7	1009	发明无热量巧克力
8	2049	火山爆发
9	1167	废止地心引力定律
10	1802	欧洲每个人都接种疫苗防止猪流感
11	1284	北欧海盗侵略苏格兰
12	1090	动物园看守人学习如何和动物交流
13	1966	制作石洞壁画
14	1412	巨人行走于地球
15	1111	新国民假期方案出台
16	1350	加德纳发明了鞋柜
17	1672	大象在伦敦的街道上踩踏
18	1831	运动员创造新100米纪录
19	1126	军队主帅调来更多军队
20	1533	跳伞运动员在跳伞失败的情况下存活
21	1155	世界上四分之一的动力来自风
22	1003	罗马士兵被提升为百人队长
23	1649	在IO中发现了生命

24	1617	首位印度宇航员
25	2093	河流干涸
26	1143	蒸汽火车重新行驶在铁轨上
27	1656	赛车跑得比声音还快
28	1843	太空酒店关闭
29	1624	报纸发行量下降
30	1130	旅客从坏的缆车中被营救下来
31	1286	王子迎娶模特
32	1801	皮帽开始流行
33	1873	雨林中发现新水果品种
34	1083	医生开处方为笑口常开
35	1558	发现新大陆
36	1776	诗人荣获奖励
37	1134	妇女长出胡须
38	2057	狼被猎人射杀
39	1048	黑洞吞噬了整个太阳系
40	1547	亚特兰提斯岛中陷落的城市又被发掘

虚拟历史事件答卷（部分示意）

Number	Date	Event—Chinese
1	_____	巨人行走于地球
2	_____	桥梁横跨大西洋
3	_____	狼被猎人射杀
4	_____	教师荣获奖励
5	_____	龙烧毁了房子
6	_____	废止地心引力定律

7	_____	巫术导致妇女自焚
8	_____	政客被毒害
9	_____	黑猩猩学习手语
10	_____	锡矿被打开
11	_____	王子迎娶模特
12	_____	妇女长出胡须
13	_____	事故导致高速公路长达20英里的堵车
14	_____	旅客从坏的缆车中被营救下来
15	_____	在战争中军队获胜
16	_____	北极冰川融化
17	_____	岛屿陷入海平面以下
18	_____	任命新一届伦敦市市长
19	_____	漂亮的王后被披露出是一位男性
20	_____	赛车跑得比声音还快
21	_____	国王因衰老而死亡
22	_____	第一只滑水的沙鼠
23	_____	机场被选举成为最丑陋的建筑
24	_____	修道士完成精神上的教化
25	_____	生长出黑色雏菊
26	_____	百岁老人蹦极
27	_____	酒店举办150周年庆
28	_____	报纸发行量下降
29	_____	学校取消考试
30	_____	名人写自传
31	_____	奥林匹克比赛推迟了12个月

32	＿＿＿＿＿＿＿	蒸汽火车重新行驶在铁轨上
33	＿＿＿＿＿＿＿	军队主帅调来更多军队
34	＿＿＿＿＿＿＿	茶歇长达三个小时
35	＿＿＿＿＿＿＿	快餐被认为有益健康
36	＿＿＿＿＿＿＿	板球队赢得比赛
37	＿＿＿＿＿＿＿	艺术家在决斗中被杀
38	＿＿＿＿＿＿＿	木马赢得了比赛
39	＿＿＿＿＿＿＿	运动员创造新100米记录
40	＿＿＿＿＿＿＿	彗星与地球相撞

第8节　世界脑力锦标赛之一小时扑克牌

记忆项目名称：一小时扑克牌

记忆时间：60 分钟　回忆时间：120 分钟（在记忆和回想中间有 15 分钟休息时间，在这期间允许收回扑克牌。）

记忆卷

几副 52 张洗过的分开的独立扑克牌（数字由参赛者决定）。参赛者可以带自己的牌，但必须提前交给裁判者洗牌。扑克牌可以反复看几次，而且一次可以看多张牌。每副牌要按顺序标上序号，刚开始要用橡皮筋扎起来。记忆的顺序（从开头到结尾或是从结尾到开头）必须指出来。这可以在开始记忆的时候完成，也可以记忆结束后完成。这也是赛程为参赛者提供橡皮筋和标签的原因。参赛者要提交记忆完整的扑克牌，如果最后一副没有完成，请标出。

回忆卷

如果参赛者想使用自己的答题纸，必须在比赛前经过裁判者的同意。参赛者必须写清楚每副牌的序号，确保牌的大小（例如A、2、3……J、Q、K）以及花色都很清楚。参赛者必须在回忆卷上写清楚指定的是哪副牌。

计分

如果每副牌都记忆正确得，52分；如果错一个得26分；超过两个以上（包括两个）的错误，得0分。关于最后一副牌，如果最后一副牌没有完成

（比如，只记住了38张），但记住的都是正确的，那么记住几张就给几张的分；如果最后一副牌没有完成，但记住的有一处错误，那么只能得一半分数（如果是奇数，比如19张牌时出现了一个错误，那么得分是 10 分）。如果遇到平分的话，胜负取决于附加的扑克牌。在这副牌中，参赛者尽力去记，但结果是0分，每记对一张牌，可以得一分，得分最多的将是获胜者。

一小时扑克牌答卷

The World Memory Championships 2004
1 Hour Cards Recall Papers

Competitor's Name_____

Write the number or letter A(ce), J(ack), Q(ueen), K(ing)

Deck #				Deck #			
♣	♦	♥	♠	♣	♦	♥	♠

第9节　世界脑力锦标赛之随机词汇

记忆项目名称：随机词汇

记忆时间：15分钟　回忆时间：30分钟

记忆卷

一些通常熟知的单词排成一个列表，一栏20个，一页五栏，共四页（400个单词）。参赛者必须从第一栏的第一个单词开始写，按顺序记忆单词，越多越好。

回忆卷

参赛者在回忆卷上填写单词表。如果参赛者希望使用自己的答题纸，必须在比赛前得到裁判者的批准。每个单词都必须清楚地标明序号，每栏开始和结束的单词都要容易辨识。

计分

如果一栏中20个单词都拼写无误，每一个单词得1分；如果一栏中的20个单词中出现一个错误（包括空格），得10分；如果一栏中20个单词出现两处或是两处以上的错误（包括任何空格），得0分。参赛者可使用大小写。对于最后一栏，如果最后一栏只完成一部分，每一个正确拼写的单词将得1分。在这完成的一栏中，出现一个错误（包括空格错误），将只得正确单词数所得分数的一半。出现两个或两个以上的错误（包括空格错误），则得0分。如果一个单词被清楚地记忆，但拼写是错误的，该词不给分数。但这个错误不影响这一栏其他单词的记分※。例如，如果参赛者将"rhythm"写成"rythm"，那么这一单词不得分，如果这一栏的其他单词都正确，那么全部得分减掉1分，即是所得分数（即19分）。如果在一栏中既有记忆错误又有拼写错误，那么最大的分数只有一半的分数，并且要把拼写错误从剩余分数中扣减掉（如最高20分，除以2等于10分，减掉1分等于9分）。每一行的分数相加。如果是非整数，则四舍五入（如72.5分计为73分）。在平分的情况下，获胜者将由剩余的那一栏来决定。在这一栏中，选每一个位置上正确的单词将被给予1个关键的分数。拥有越多关键分数的参赛者就是这一项目的获胜者。

随机词汇问卷

1	板蓝根	阳光	纸巾	太平洋	射箭
2	荧屏	水龙头	收音机	变叶木	音乐
3	典礼	老虎草	雷达	珍珠港	鱼雷
4	轰炸机	战斗机	云层	蹦床	攻击
5	演习	顷刻间	牡丹	信号	跆拳道
6	网球	山毛榉	秋千	山楂	公交车
7	扩大	万年青	冲浪	虎尾兰	河畔
8	苹果	其实	兀鹫	建立	雪莲
9	海芋	黑奴	测量员	烧烤架	答应
10	湘江	蒸锅	餐具	半日花	核桃
11	寒冷	百合	门锁	雨伞	褐马鸡

※这项规则是用来减少非英语国家的参赛者因拼写混淆、翻译错误、诵读困难和残疾产生的复杂情况。

12	围裙	刨冰机	驯服	蜂鹰	外交
13	援助	田地	病逝	胡椒	辣椒
14	卷心菜	蒜	龟背竹	莴苣	电工
15	丰富	描图纸	严密	逻辑	杂工
16	管道	才能	油漆工	和谐	派对
17	枕套	响尾蛇	牺牲	存在	毛毯
18	印象	蚊帐	统治	外语	眼界
19	知识	坐标纸	岩石	棉被	盗窃
20	草地	居民	砍柴	放牧	圣杯

随机词汇答卷

1					
2					
3					
4					
5					
6					
7					
8					
9					
10					
11					
12					

13					
14					
15					
16					
17					
18					
19					
20					

第10节　世界脑力锦标赛之听记数字

项目名称：听记数字

记忆时间：

第一次：100秒　　　第二次：200秒　　　第三次：300秒

回忆时间：

第一次：5分钟　　　第二次：10分钟　　　第三次：15分钟

记忆卷

放送录音用英语清楚地读出单个数字，以每一秒读一个数字的速度放送。第一次读100个数字。第二次读200个数字。第三次读300个数字。放送录音时，不能动笔记录。即使有些参赛者达到了记忆的极限，他也必须在座位上安静地坐着，等待着录音播完。由于某种外界干扰的原因，比赛要暂停，重新开始的播放要从被打断的前五个数字开始，一直到把剩余数字播放结束。

回忆卷

参赛者使用提供的答题纸。如果参赛者想使用自己的答题纸，必须在比赛前得到裁判者的同意。参赛者必须按照连贯的顺序从开始依次写下所记住的数字。

计分

参赛者从第一个数字按顺序开始写起，每按照顺序写对一个，得1分；

一旦参赛者出现第一次错误，记分在那里停止。如果参赛者写了127个数字，但第四十三个数字错误，那么记分记到第四十二个数字。如果参赛者回忆了200个数字，但在第一个数字就出现了错误，那么分数为0。

第一轮：听记数字 100个

												1
												2
												3
												4

第二轮：听记数字200个

												1
												2
												3
												4
												5
												6
												7
												8

第11节　世界脑力锦标赛之快速扑克

记忆项目名称：快速扑克

记忆时间：5 分钟（有两次机会，每次的牌排序都是不一样的）

回忆时间：每次5 分钟

记忆卷

52 张刚洗过的牌。参赛者可以提供自己的牌，但必须在比赛前由裁判者重新洗过。期望在 5 分钟之内记完所有牌的选手：（1）必须通知裁判者，准备带秒表的计时器（可以精确到 1/100 秒）；（2）必须给予监考者适当的提示，以表明自己已经完成了记忆。参赛者只有在裁判宣布 5 分钟记忆时间结束之后方能开始回忆。参赛者可以反复看几次牌，也可以同时看多张牌。

回忆卷

记忆阶段结束后，每个参赛者可以再得到一副按顺序排列的完整扑克牌（即红心 2 红心 3 红心 4 等），参赛者必须把第二副牌按照刚才记的第一副牌的顺序进行排列。两副牌必须标明哪是第一副，哪是第二副。回忆完毕时，把两副牌放在桌子上，最上面的是记住的第一张牌。

计分

裁判者将会对两副牌做出比较，如果中间某张牌出现了不一致的地方，那么按这张牌以上的部分计分；在最短时间内记住这 52 张牌，并且都准确无误的参赛者将是本次活动的获胜者。只有将所有的牌都完整无误地记下来才能得分。最好的分数从两次机会中得出。如果遇到平分的话，第二次的分数具有决定意义。

第12节　我和世界脑力锦标赛的故事

2011年第二十届世界脑力锦标赛中我为中国队夺得一金一铜，一举斩获"世界记忆大师"奖。

接下来跟你分享一些我在迈向世界记忆大师路上的幕后故事。

我想说的是，一个人的成功绝不仅仅是一个人的成功，而是集合了众人的智慧和力量，涓涓细流汇聚成的惊波狂澜才造就了风口浪尖的弄潮儿。没有老师们的悉心指导，没有朋友们的鼎力支持，没有队员之间真诚无私的互相鼓励，我想我会一无所是。台前幕后，要感谢的人实在太多，也庆幸自己能战到最后，成功属于不屈不挠勇往直前绝不放弃的人！

回想7月份的时候，那时我很茫然，世界冠军离我应该是遥不可及的，只在心中播下了一个隐隐的种子，还未破土，而几个月后我竟能在世界级的大赛中榜上有名，这一切难道不像做梦吗？人生中充满着奇遇，相信梦想，奇迹就会出现。做一个有梦的人，再苦再累，生活都会很美好。

初到武汉，是7月中旬，正值酷暑，第一次选拔，我并未如愿入选，万丈热情付之冰水，让人心灰意冷，茫茫无助，却又从绝望中奋起，自我鼓励，继续奋斗。

7月中旬到8月中旬这个过渡期，对我来说是个炼狱般的考验，一面要在茫茫无助和隐隐希望中坚守，一面要与酷暑热浪、身心难宁、艰苦训练以及周围糟糕的饮食等外因相较量。人们通常只能看到别人头上的光环，却看不到他们幕后的付出。一路走来，我战胜了一个又一个常人难以想象的困难，来自内心的力量越来越坚定。

一个月之后，我的努力和付出终于得到了回报，一扇成功的门慢慢地向我打开了。我顺利地成为精英战队中的一员，能够跟优秀的老师和队员们一起并肩作战，我不再孤独。

随之，我和一个有梦的选手阮齐贵搬到了一个叫吴家湾的地方训练。我想这是上天对我的又一次眷顾。这里的环境和饮食都得到了一些改善，非常适合训练，但是总的来说条件还是比较艰苦，可对于一个坚强的人来说，有什么能阻挡他前进的步伐呢。

初到吴家湾的第一个晚上让我难以入眠。那时天气非常炎热，蚊子很多，而且特别具有战斗力，晚上反反复复折腾让人根本无法休息。我索性就把席子淋了个水汪汪，再把床单泡得水淋淋，湿答答地盖在身上，那感觉十分难受，就这样将就着迷迷糊糊地过了一夜。第二天太阳升起的时候，我照样又是一个充满斗志的战士。

训练期间，我会排除一切干扰因素，尽可能让自己保持简单、单纯，

只有简单、单纯的人才更容易成功。同时我会看一些好的视频和文章，或者听一些积极向上的歌曲。

时间很快到了华中区模拟选拔赛，很幸运的是我获得了总冠军，袁老师亲赠藏书一本以资鼓励。

接下来是中国赛。这次赛事我发挥得并不是很好。马拉松扑克我记了31副，结果只对了12副；马拉松数字记了2400个，只对了1580个。由于一些其他细节问题，有些项目得分很低，甚至是0分，不过在快速扑克这个项目上竟还意外获得一块银牌。总成绩出来的时候吓我一跳，好悬，差一点没能入围！

中国赛结束回来之后，所有的项目我都不再测试，而是做了一些修正编码和地点桩之类的基本工作。世界赛开始前最后一次练习马拉松扑克，我记了28副。由于屋内没有暖气，天气实在太冷，推着推着手就麻了，大脑就像冰豆腐一样僵化了，思维很慢，勉强记完。最后写的时候，冷得坐不住，而且记忆的效果很差，只写了几副牌就写不下去了。世界赛前我内心一直在纠结，这不是一般的纠结，而是非常地纠结，因为我的本性是非常激进的，很想去打破纪录，但准确率实在太低。我记得袁老师说过首次参赛要保持稳定，冲破纪录的话很可能连10副牌都对不了。我想听他的话，但我的本性却压制不了。就这样一直处于纠结状态，最后勉强压制自己，马拉松扑克只带了26副牌，我不敢多带，我担心多带了只要往桌上一摆，就会忍不住要把它们全都记下，不管对错！

转眼就到了征战世界赛。

赛前还有一个小插曲。原本大家约定5:40在站前集合，结果发生交通堵塞，我被堵在了路上，车子只能一步一步挪着前进，特别地慢。对地形不熟的结果是我跑错了汽车站，一番折腾下来最终耽误了时间。无奈之下我只好一个人出征。最后费了很大一番力气才赶到，差点还耽误了签到。从这个事件中我领悟到了一点：做事千万不要因小失大。到了赛场，见到了博赞、多米尼克等许多传说中的人物，以及许多来自世界各国的高手，真可谓是高手云集，群英荟萃啊！他们有不同的肤色、不同的眼神，地域各异，语言相迥，但是梦却相同，那就是：超越自我、挑战极限！

一切就绪后，一场世界级的脑力大赛就拉开了帷幕。我的骨子里极具冒险家的精神，导致我采取的所有策略都极其冒险！这场赛事对我来说就像参加世界大战一样惊心动魄，现在回想一下都不禁让我倒吸凉气。

比赛第一天三个项目结束后，我的总分排在了第三，马拉松数字项目竟突破2000大关，斩获一块铜牌。第二天正常比赛。第三天就开了一个天大的玩笑。博赞在公布马拉松扑克成绩时，从第十名念到第二名的时候竟然还没有听到我的名字，难道我是第一名？我心里有点打鼓。最后念到了第一名，是刘苏。我当时就傻眼了，我记了26副牌，感觉是那么好，竟然连前十名都没有进，这实在太不可思议了！我跑去往墙上一看，只对了352张，也就是6副左右的样子。

天啊，这实在可怕，世界记忆大师三项标准之一我竟然没有过，这就意味着付出的近半年的血汗将全部付之东流，而且我的总排名一下被抛到了几十名之外，后面的项目叫我还如何比下去？我在心里告诉自己镇定，镇定，一定要镇定，然后要求裁判室复查。队友们都过来安慰我，我从来没有感受过人与人之间可以这样真诚。

等待复查结果的那段时间简直就是一种煎熬，实在太漫长了。我头脑中忍不住冒出很多可怕的念头，我尽可能地压回去，并运用吸引力法则等待奇迹的出现，最大限度地让自己保持平静。后面的项目多多少少受到了一些影响，不过没有造成毁灭性的后果。

第三轮听记前，工作人员告诉我复查结果是马拉松扑克我对了1352张，输入电脑时少输了个"1"。我一算，天啊，26副全对了！我冲过去告诉袁老师，他也非常高兴："真的？那你是冠军啦？""是的！""太好了！"然后我们一起握手拥抱。

这场赛事对我的考验可以说极其巨大，同时我也见证了心态的重要性。世界级的赛场上，不但要具备世界级的实力，更要具备世界级的心态。正是凭着这种过人的心态，才能够临危不惧遇慌不乱，没有酿成可怕的后果，否则心理防线一旦崩溃，结果不堪设想。成绩一纠正过来，我的总分一下子又从几十名之外被拉回了季军的位置。

很快到了第三天下午最后一个项目：快速扑克。由于我采取的策略太过于冒险，结果被去年的记忆大师李威反超而名落第四。略微遗憾的是与总季军失之交臂。不过作为新人首次参赛能进前五名也可以聊作安慰了，总算不负一番努力，对自己、对那些给予自己期许的人有份答卷。

此次大赛中有很多项目我都是超常发挥，我觉得自己很适合比赛，因为我喜欢冒险，喜欢挑战，喜欢那种全力以赴奔向极致的感觉。如果不受马拉松扑克事件的影响，我想我还会发挥得更好一些。不过一切都是最好的。

整个赛程中，袁老师拔剑指挥，忙前忙后，累得不行，还有周强和向慧两位老师为我们这些前线的战士殷勤服务。这样的后勤也绝对堪称世界级的后勤，把我们每个人都照顾得非常好，赛后大家都称他们为"奶爸""奶妈"，而且是"超级奶爸""超级奶妈"！我想如果没有这些幕后英雄的付出，这场战果就要大打折扣。

三天的激烈角逐，终于落下帷幕。我获得一金一铜，排名第四，荣获"世界记忆大师"称号。

要离开了。武汉是个温暖的地方。这里有梦想、有激情、有纯真的友谊和浓浓的人情，这里留下过我奋斗的身影，这里有一群充满活力、踏实认真的年轻人在做着一件伟大的事。我的老师们都非常优秀，给了我很多指导和关怀，我从他们那里获得过力量。

感谢生命中能有这样一段岁月！

感谢这段岁月中能遇到这样一群人——老师、兄弟、朋友、并肩作战的队友、支持和帮助过我的人。特别值得一提的是，整个赛程自始至终一直有一位好兄弟汤旭东在幕后帮助我，没有他的大力支持，我的成绩可能会大打折扣！

这段岁月、这些人，我一直心存感激，多少年我都不会忘记！

最后，祝我的老师和朋友们越来越好，祝每个人都越来越好。

与世界大脑先生托尼·博赞合影

2011年世界脑力锦标赛的证书与奖章

附录：圆周率1000位

3.141 59265 35897 93238 46264 33832 79502 88419 71693 99375 10582 09749
44592 30781 64062 86208 99 86280 34825 34211 70679 82148 08651 32823 066
47 09384 46095 50582 23172 53594 08128 48111 74502 84102 70193 85211 05
559 64462 29489 54930 38196 44288 10975 66593 34461 28475 64823 37867 83
165 27120 19091 45648 56692 34603 48610 45432 66482 13393 60726 02491
41273 72458 70066 06315 58817 48815 20920 96282 92540 91715 36436 78925
90360 01133 05305 48820 46652 1841 46951 9415 16094 33057 27036
57595 91953 09218 61173 81932 61179 3105 18548 07446 23799 62749 56735
18857 52724 89122 79381 83011 94912 98336 73362 44065 66430 86021 39494
63952 24737 19070 21798 60943 70277 05392 17176 29317 67523 84674 81846
76694 05132 00056 81271 45263 56082 77857 71342 75778 96091 73637 17872
14684 40901 22495 34301 46549 58537 10507 92279 68925 89235 42019 95611
21290 21960 86403 44181 59813 62977 47713 09960 51870 72113 49999 99837
29780 49951 05973 17328 16096 31859 50244 59455 34690 83026 42522 30825
33446 85035 26193 11881 71010 00313 78387 52886 58753 32083 81420 61717
76691 47303 59825 34904 28755 46873 11595 62863 88235 37875 93751 95778
18577 80532 17122 68066 13001 92787 66111 95909 21642 01989 38095 25720
10654 85863 27886 59361 53381 82796 82303 01952 03530 18529 68995 77362
25994 13891 24972 17752 83479 13151 55748 57242 45415 06959 50829 53311
68617 27855 88907 50983 81754 63746 49393 19255 06040 09277 01671 13900